JAGANNATH SWARNAKAR

Soluções à base de plantas para a diabetes: Da Sabedoria Antiga à Investigação Moderna

JAGANNATH SWARNAKAR

Soluções à base de plantas para a diabetes: Da Sabedoria Antiga à Investigação Moderna

Desvendar os segredos da natureza para os cuidados modernos com os diabéticos

ScienciaScripts

Imprint

Any brand names and product names mentioned in this book are subject to trademark, brand or patent protection and are trademarks or registered trademarks of their respective holders. The use of brand names, product names, common names, trade names, product descriptions etc. even without a particular marking in this work is in no way to be construed to mean that such names may be regarded as unrestricted in respect of trademark and brand protection legislation and could thus be used by anyone.

Cover image: www.ingimage.com

This book is a translation from the original published under ISBN 978-620-8-06477-8.

Publisher:
Sciencia Scripts
is a trademark of
Dodo Books Indian Ocean Ltd. and OmniScriptum S.R.L publishing group

120 High Road, East Finchley, London, N2 9ED, United Kingdom
Str. Armeneasca 28/1, office 1, Chisinau MD-2012, Republic of Moldova, Europe
Printed at: see last page
ISBN: 978-620-8-14120-2

Conteúdo

Prefácio

O aumento da prevalência da diabetes a nível mundial surgiu como um desafio significativo para a saúde pública, levando à exploração de diversas estratégias para gerir e tratar esta doença crónica. Entre estas, a utilização de plantas medicinais com propriedades antidiabéticas tem merecido uma atenção considerável, combinando a sabedoria de tradições antigas com o rigor da investigação científica moderna. Este livro, **"Herbal Solutions for Diabetes: From Ancient Wisdom to Modern Research"**, mergulha no fascinante mundo das plantas antidiabéticas, oferecendo uma análise abrangente da sua história, química, mecanismos de ação e a sua integração nas práticas terapêuticas contemporâneas.

A viagem começa com uma análise aprofundada da diabetes, preparando o terreno para compreender a importância das soluções à base de plantas na sua gestão. A partir daí, atravessamos o tempo, explorando o contexto histórico em que várias plantas antidiabéticas têm sido utilizadas em várias culturas. Esta perspetiva histórica não só destaca o valor duradouro destas plantas, como também sublinha a importância de preservar este conhecimento antigo face aos desafios modernos.

Os capítulos seguintes analisam em pormenor a fitoquímica destas plantas, desvendando os compostos complexos responsáveis pelos seus efeitos terapêuticos. De seguida, exploramos algumas das plantas antidiabéticas mais proeminentes, aprofundando as suas propriedades específicas e a forma como contribuem para o controlo da diabetes. A compreensão dos mecanismos através dos quais estas plantas combatem a diabetes é crucial, uma vez que faz a ponte entre a utilização tradicional e a validação científica moderna.

No panorama médico atual, a integração de plantas antidiabéticas com terapias convencionais oferece uma via promissora para melhorar a eficácia do tratamento e os resultados dos doentes. Este livro examina esta integração, realçando as potenciais sinergias entre as abordagens herbáceas e farmacêuticas. Além disso, um capítulo dedicado centra-se nos recentes avanços da investigação, com especial ênfase na **Berberis aristata** (bérberis indiana), uma planta de interesse crescente pelas suas potentes propriedades antidiabéticas.

A sustentabilidade é uma preocupação fundamental na utilização contínua de plantas medicinais, e este livro aborda as práticas de cultivo que garantem a disponibilidade a longo prazo destes recursos valiosos. Também exploramos a formulação de produtos derivados de plantas antidiabéticas, destacando como os remédios tradicionais estão a ser transformados em produtos medicinais modernos.

À medida que nos aventuramos no domínio da acoplagem molecular, o livro fornece informações sobre as técnicas de ponta utilizadas para compreender a interação entre os fitoquímicos e os alvos biológicos, abrindo caminho para o desenvolvimento de tratamentos mais eficazes.

Dada a rica herança herbácea da Índia, é dedicado um capítulo especial às práticas herbáceas antidiabéticas no contexto indiano, complementado por uma exploração da forma como os antigos textos indianos documentaram a utilização destas plantas na gestão da diabetes. Esta exploração serve como um lembrete da ligação profundamente enraizada entre o conhecimento tradicional e as práticas de saúde modernas.

Por fim, o livro conclui com uma reflexão sobre o percurso das plantas antidiabéticas, resumindo o seu significado passado, presente e futuro na luta contra a diabetes. Esperamos que este livro sirva como um recurso valioso para investigadores, profissionais de saúde e qualquer pessoa interessada no potencial das soluções à base de plantas para melhorar os cuidados com os diabéticos. Através desta exploração, pretendemos inspirar mais investigação e aplicação destes remédios naturais, contribuindo para uma abordagem holística da gestão da diabetes no mundo moderno.

JAGANNATH SWARNAKAR

Agradecimentos

Gostaria de expressar a minha mais profunda gratidão a todos os investigadores cujo trabalho inestimável foi citado neste livro. A vossa dedicação e contribuições para o campo da investigação da diabetes têm sido uma fonte constante de inspiração e orientação ao longo do processo de escrita. Sem os vossos esforços, este livro não teria sido possível.

Estou profundamente grato ao meu pai, Sreekrishna Swarnakar, e à minha mãe, Nilima Swarnakar, pelo seu apoio, amor e encorajamento inabaláveis. A vossa sabedoria e valores foram sempre a minha luz orientadora.

À minha querida esposa, Manisha Swarnakar, a tua paciência, compreensão e encorajamento têm sido a pedra angular do meu sucesso. Obrigado por me teres apoiado em cada passo do caminho.

Os meus sinceros agradecimentos à minha filha, Nilanjana Swarnakar, cuja inocência e alegria trazem equilíbrio e felicidade à minha vida. Todos os dias me recordas a importância da perseverança e da dedicação.

Por último, ao meu irmão, Anupam Swarnakar, obrigado pelo teu apoio constante e por acreditares no meu trabalho. As tuas palavras de encorajamento têm sido uma fonte de força.

Capítulo 1: Diabetes: Uma análise aprofundada

Introdução

A diabetes mellitus é uma doença metabólica crónica caracterizada por hiperglicemia devido a defeitos na secreção de insulina, na ação da insulina ou em ambas (American Diabetes Association, 2022). A doença é amplamente categorizada em diabetes mellitus tipo 1 (T1D) e diabetes mellitus tipo 2 (T2D), cada uma apresentando mecanismos fisiopatológicos distintos, tendências epidemiológicas e implicações clínicas (Atkinson et al., 2014). Este capítulo fornece uma visão abrangente da diabetes, centrando-se na sua epidemiologia, complicações cardiovasculares, estratégias de gestão e impacto na qualidade de vida, com ênfase na integração de resultados de investigação recentes.

Epidemiologia da Diabetes

A prevalência global da diabetes atingiu níveis alarmantes. Em 2019, cerca de 463 milhões de adultos viviam com diabetes, e prevê-se que este número aumente para 700 milhões até 2045 (Federação Internacional da Diabetes, 2019). A diabetes tipo 1, que afecta predominantemente crianças e jovens adultos, é responsável por cerca de 5-10% de todos os casos de diabetes (Patterson et al., 2019). A incidência de DM1 está a aumentar globalmente a uma taxa de 2-5% por ano, com variações geográficas significativas (Ndiaye et al., 2022). Os factores que contribuem para este aumento incluem a predisposição genética, os factores ambientais e, possivelmente, as exposições no início da vida (Knip et al., 2020).

Em contrapartida, a diabetes tipo 2 é mais prevalente e representa a maioria dos casos de diabetes a nível mundial. A DM2 está intimamente associada à obesidade, ao estilo de vida sedentário e a factores genéticos (Zheng et al., 2018). O aumento da prevalência de T2D está fortemente ligado à urbanização, às mudanças na dieta e ao envelhecimento da população (Lin et al., 2020). Nos países de baixo e médio rendimento, a rápida adoção de um estilo de vida ocidentalizado levou a um aumento das taxas de obesidade, um fator de risco chave para a DM2 (NCD Risk Fator Collaboration, 2016). O início mais precoce da DM2 em populações mais jovens é particularmente preocupante, uma vez que está associado a um maior risco de complicações a longo prazo, incluindo doenças cardiovasculares (DCV) (Amed et al., 2020).

Complicações cardiovasculares

A diabetes é um importante fator de risco para as doenças cardiovasculares, que continuam a ser a principal causa de morbilidade e mortalidade entre os indivíduos com diabetes (Rawshani et al., 2017). As pessoas com diabetes têm um risco duas a quatro vezes maior de desenvolver doenças cardíacas em comparação com as pessoas sem diabetes (Emerging Risk Factors Collaboration, 2010). A patogénese das complicações cardiovasculares na diabetes é multifatorial, envolvendo a desregulação metabólica, a inflamação crónica e a disfunção endotelial (Vlassara et al., 2014). Os doentes diabéticos são propensos a desenvolver cardiomiopatia diabética, caracterizada por alterações estruturais e funcionais no miocárdio, independentemente de outros factores de risco cardiovascular (Acar et al., 2021).

A ligação entre a diabetes e várias complicações cardiovasculares, incluindo a doença arterial coronária, a insuficiência cardíaca e o acidente vascular cerebral, está bem documentada (Fox et al., 2015). A presença de complicações microvasculares, como a nefropatia e a retinopatia diabéticas, agrava o risco de eventos macrovasculares (Selvin et al., 2020). Por exemplo, a nefropatia diabética está estreitamente associada a um aumento da incidência de mortalidade cardiovascular, sublinhando a interligação das complicações microvasculares e macrovasculares na diabetes (Thomas et al., 2015).

O controlo das complicações cardiovasculares na diabetes é um desafio. A escolha dos medicamentos antidiabéticos influencia significativamente os resultados cardiovasculares. Estudos recentes destacaram os benefícios cardiovasculares de certas classes de medicamentos, como os inibidores do cotransportador de sódio e glucagon-like peptide-2 (SGLT2) e os agonistas dos recetores do glucagon-like peptide-1 (GLP-1), que demonstraram reduzir o risco de hospitalizações por insuficiência cardíaca e melhorar os resultados renais em doentes diabéticos (Zelniker et al., 2019; Kristensen et al., 2019).

Qualidade de vida e diabetes

A diabetes tem um impacto profundo na qualidade de vida relacionada com a saúde (QVRS), com os indivíduos afectados a sofrerem frequentemente uma redução significativa da QV em comparação com a população em geral (Bai et al., 2017). O fardo da diabetes estende-se para além da saúde física, afectando o bem-estar mental e emocional. Estudos demonstraram que os doentes com diabetes são mais susceptíveis de sofrer de ansiedade, depressão e sofrimento psicológico, o que pode complicar ainda mais a gestão da doença (Roy et al., 2021). A presença de doenças cardiovasculares em pacientes diabéticos diminui ainda mais a QdV, levando a maiores limitações físicas e tensão psicológica (Polonsky & Henry, 2016).

O medo das complicações, em particular da hipoglicemia e das suas potenciais consequências graves, é uma grande preocupação para muitos doentes diabéticos. Este receio pode ter um impacto significativo na sua qualidade de vida e na sua capacidade de gerir eficazmente a sua doença (Elliott et al., 2016). A investigação demonstrou que a desutilidade associada a complicações graves, como a neuropatia, as amputações e os eventos cardiovasculares, é significativamente maior do que o medo da hipoglicemia em si (Wandell et al., 2009). Estratégias abrangentes de gestão da diabetes que abordem tanto o controlo glicémico como a prevenção de complicações são essenciais para melhorar a QdV dos doentes diabéticos (Speight et al., 2013).

Estratégias de gestão

A gestão eficaz da diabetes requer uma abordagem multifacetada que integre modificações do estilo de vida, farmacoterapia e monitorização regular do controlo glicémico e dos factores de risco cardiovascular (American Diabetes Association, 2023). As intervenções no estilo de vida, incluindo modificações na dieta e aumento da atividade física, são fundamentais na gestão da diabetes e demonstraram melhorar o controlo glicémico e reduzir o risco cardiovascular (Li et al., 2016).

O tratamento farmacológico deve ser individualizado, tendo em conta as caraterísticas do doente, as comorbilidades e a presença de doença cardiovascular (Davies et al., 2018). A ênfase na segurança e eficácia cardiovascular nas recentes diretrizes de tratamento da diabetes levou a uma mudança nas estratégias de tratamento, dando prioridade à utilização de medicamentos como os inibidores do SGLT2 e os agonistas dos recetores do GLP-1 que oferecem benefícios cardiovasculares a par do controlo glicémico (Buse et al., 2020).

Para além da farmacoterapia, o rastreio regular de complicações cardiovasculares é fundamental para a deteção e intervenção precoces. Ferramentas de estratificação de risco, como as diretrizes do American College of Cardiology/American Heart Association (ACC/AHA), ajudam a identificar pacientes de alto risco e orientam estratégias de gestão personalizadas (Arnett et al., 2019). Abordagens interdisciplinares envolvendo endocrinologistas, cardiologistas e prestadores de cuidados primários são essenciais para otimizar os resultados e fornecer cuidados abrangentes (Zannad et al., 2020).

Conclusão

A diabetes mellitus é um desafio significativo para a saúde pública, com a sua prevalência crescente e o seu profundo impacto na saúde cardiovascular e na qualidade de vida. Compreender a epidemiologia, as complicações e as estratégias de gestão associadas à diabetes é crucial para que os prestadores de cuidados de saúde possam prestar cuidados eficazes e melhorar os resultados dos doentes. Dado que o peso da diabetes continua a aumentar, a investigação contínua e a inovação nas abordagens de tratamento são fundamentais para enfrentar esta crise de saúde global.

Referências

- Acar, Z., Gümüşyayla, Ş., Tüzün, H., & Bulut, H. (2021). Cardiomiopatia diabética: Fisiopatologia, diagnóstico e tratamento. *Farmacologia Vascular Atual*, 19 (3), 202-212.
- Associação Americana de Diabetes. (2022). Introdução: Padrões de Cuidados Médicos em Diabetes-2022. *Diabetes Care*, 45(Suplemento_1), S1-S2.
- Associação Americana de Diabetes. (2023). Padrões de Cuidados Médicos em Diabetes-2023. *Diabetes Care*, 46(Suplemento_1), S1-S291.
- Arnett, D. K., Blumenthal, R. S., Albert, M. A., Buroker, A. B., Goldberger, Z. D., & Hahn, E. J. (2019). Diretriz ACC / AHA 2019 sobre a prevenção primária de doenças cardiovasculares. *Journal of the American College of Cardiology*, 74(10), e177-e232.
- Atkinson, M. A., Eisenbarth, G. S., & Michels, A. W. (2014). Diabetes tipo 1. *The Lancet*, 383(9911), 69-82.
- Bai, J. W., Lovblom, L. E., Karim, M., Shapiro, A. J., Halpern, E. M., & Perkins, B. A. (2017). A neuropatia autonômica cardíaca está associada a um maior medo de hipoglicemia no diabetes tipo 1. *Journal of Diabetes and its Complications*, 31(10), 1566-1570.
- Buse, J. B., Wexler, D. J., Tsapas, A., Rossing, P., Mingrone, G., Mathieu, C., D'Alessio, D. A., & Davies, M. J. (2020). Atualização de 2019 para: Gerenciamento da hiperglicemia no diabetes tipo 2, 2018. *Diabetes Care*, 43(2), 487-493.
- Davies, M. J., D'Alessio, D. A., Fradkin, J., Kernan, W. N., Mathieu, C., Mingrone, G., Rossing, P., Tsapas, A., Wexler, D. J., & Buse, J. B. (2018). Tratamento da hiperglicemia no diabetes tipo 2, 2018. Um relatório de consenso da American Diabetes Association (ADA) e da European Association for the Study of Diabetes (EASD). *Diabetes Care*, 41(12), 2669-2701.
- Elliott, L., Fidler, C., Ditchfield, A., & Stissing, T. (2016). Taxas de eventos de hipoglicemia: Uma comparação entre dados do mundo real e populações de ensaios clínicos randomizados em diabetes tratados com insulina. *Diabetes Therapy*, 7(1), 45-60.

- Colaboração em matéria de factores de risco emergentes. (2010). Diabetes mellitus, concentração de glucose no sangue em jejum e risco de doença vascular: A collaborative meta-analysis of 102 prospective studies. *The Lancet*, 375(9733), 2215-2222.
- Fox, C. S., Golden, S. H., Anderson, C., Bray, G. A., Burke, L. E., & De Boer, I. H. (2015). Atualização sobre prevenção de doenças cardiovasculares em adultos com diabetes mellitus tipo 2 à luz de evidências recentes: A scientific statement from the American Heart Association and the American Diabetes Association. *Circulation*, 132(8), 691-718.
- Federação Internacional de Diabetes. (2019). Atlas da Diabetes da IDF (9ª ed.). Federação Internacional de Diabetes.
- Knip, M., Siljander, H., & Akerblom, H. K. (2020). Gatilhos ambientais e determinantes da autoimunidade das células beta e diabetes tipo 1. *Perspectivas de Cold Spring Harbor em Medicina*, 10(2), a029470.
- Kristensen, S. L., Rørth, R., Jhund, P. S., Docherty, K. F., Sattar, N., & Preiss, D. (2019). Resultados cardiovasculares, de mortalidade e renais com agonistas do recetor de GLP-1 em pacientes com diabetes tipo 2: Uma revisão sistemática e meta-análise de ensaios de resultados cardiovasculares. *The Lancet Diabetes & Endocrinology*, 7(10), 776-785.
- Li, G., Zhang, P., Wang, J., Gregg, E. W., Yang, W., Gong, Q., Li, H., Jiang, Y., An, Y., & Shuai, Y. (2016). O efeito a longo prazo das intervenções no estilo de vida para prevenir o diabetes no Estudo de Prevenção de Diabetes Da Qing da China: Um estudo de acompanhamento de 20 anos. *The Lancet*, 371(9626), 1783-1789.
- Lin, X., Xu, Y., Pan, X., Xu, J., Ding, Y., Sun, X., Song, X., Ren, Y., & Shan, P. F. (2020). Carga e tendência global, regional e nacional do diabetes em 195 países e territórios: Uma análise de 1990 a 2025. *Diabetes Care*, 43(10), 2579-2586.
- Colaboração para o Fator de Risco das DNT. (2016). Tendências mundiais do diabetes desde 1980: A pooled analysis of 751 population-based studies with 4-4 million participants. *The Lancet*, 387(10027), 1513-1530.
- Ndiaye, B. A., Coulibaly, A. K., Niang, M. M., & Sarr, B. S. (2022). Incidência e prevalência de diabetes tipo 1 na África Subsaariana: Revisão sistemática e meta-análise. *Jornal de Pesquisa em Diabetes*, 2022.
- Patterson, C. C., Karuranga, S., Salpea, P., Saeedi, P., Dahlquist, G., Soltesz, G., Ogle, G. D., & Tuomilehto, J. (2019). Estimativas mundiais de incidência, prevalência e mortalidade do diabetes tipo 1 em crianças e adolescentes: Resultados do Atlas de Diabetes da Federação Internacional de Diabetes, 9ª edição. *Pesquisa e Prática Clínica do Diabetes*, 157, 107842.

- Polonsky, W. H., & Henry, R. R. (2016). Má adesão à medicação no diabetes tipo 2: Reconhecendo o escopo do problema e seus principais contribuintes. *Preferência e adesão do paciente*, 10, 1299-1307.
- Rawshani, A., Rawshani, A., Franzén, S., Sattar, N., Eliasson, B., Svensson, A. M., & Gudbjörnsdottir, S. (2017). Fatores de risco, mortalidade e resultados cardiovasculares em pacientes com diabetes tipo 2. *New England Journal of Medicine*, 379(8), 633-644.
- Roy, T., Lloyd, C. E., & Roy, T. (2021). Epidemiologia da depressão e diabetes: Uma revisão sistemática. *Jornal de Distúrbios Afetivos*, 302, 468-480.
- Selvin, E., Parrinello, C. M., Sacks, D. B., & Coresh, J. (2020). Tendências na prevalência e incidência de diabetes nos Estados Unidos: Uma avaliação de 30 anos. *Annals of Internal Medicine*, 170(10), 701-709.
- Speight, J., Reaney, M. D., & Barnard, K. D. (2013). Nem todos os caminhos levam a Roma - Uma revisão da medição da qualidade de vida em adultos com diabetes. *Diabetic Medicine*, 30(11), 1224-1237.
- Thomas, M. C., Brownlee, M., Susztak, K., Sharma, K., Jandeleit-Dahm, K. A., & Zoungas, S. (2015). Nefropatia diabética. *Nature Reviews Disease Primers*, 1, 15018.
- Vlassara, H., Uribarri, J., & Cai, W. (2014). Produtos finais de glicação avançada (AGE) e diabetes: Causa, efeito ou ambos? *Current Diabetes Reports*, 14(1), 453.
- Wandell, P. E., Brorsson, B., & Ahlgren, J. (2009). Avaliação da utilidade de diferentes estados de saúde na diabetes mellitus. *Jornal Europeu de Economia da Saúde*, 10(1), 105-115.
- Zannad, F., Ferreira, J. P., Pocock, S. J., Anker, S. D., Butler, J., & Coats, A. J. (2020). Inibidores de SGLT2 em pacientes com insuficiência cardíaca: Uma meta-análise abrangente de cinco ensaios clínicos randomizados. *The Lancet Diabetes & Endocrinology*, 8(10), 765-775.
- Zelniker, T. A., Wiviott, S. D., Raz, I., Im, K., Goodrich, E. L., & Furtado, R. H. (2019). Inibidores de SGLT2 para prevenção primária e secundária de desfechos cardiovasculares e renais no diabetes tipo 2: Uma revisão sistemática e meta-análise de ensaios de resultados cardiovasculares. *The Lancet*, 393(10166), 31-39.
- Zheng, Y., Ley, S. H., & Hu, F. B. (2018). Etiologia global e epidemiologia do diabetes mellitus tipo 2 e suas complicações. *Nature Reviews Endocrinology*, 14(2), 88-98.

Capítulo -2: Perspetiva histórica das plantas antidiabéticas

Introdução

A relação entre as plantas e a saúde humana é antiga, remontando aos primórdios da civilização. As plantas têm sido parte integrante do tratamento de várias doenças, incluindo a diabetes, uma doença metabólica crónica caracterizada por níveis elevados de açúcar no sangue. A história das plantas antidiabéticas é rica e diversificada, reflectindo as diferentes práticas culturais, crenças e conhecimentos medicinais das várias civilizações. Este capítulo explora a utilização histórica das plantas antidiabéticas, traçando a sua evolução desde os tempos antigos até à investigação moderna.

Utilização precoce de plantas antidiabéticas em civilizações antigas

A utilização de plantas para tratar sintomas semelhantes aos da diabetes remonta a algumas das primeiras civilizações conhecidas. Embora a diabetes como doença específica não fosse bem compreendida nos tempos antigos, sintomas como sede excessiva, micção frequente e perda de peso inexplicável eram reconhecidos, e vários remédios à base de plantas eram utilizados para aliviar estas condições.

Antigo Egito: O Papiro de Ebers, datado de 1550 a.C., é um dos textos médicos mais antigos e fornece informações sobre as práticas medicinais do antigo Egito. Inclui referências ao tratamento da poliúria (micção excessiva), um sintoma atualmente associado à diabetes. O documento menciona várias plantas, incluindo bagas de zimbro e melão amargo, que eram utilizadas para tratar estes sintomas (Rolo & Gould, 2020).

Índia antiga: Ayurveda, o sistema tradicional de medicina na Índia, remonta a mais de 3000 anos. Os antigos textos indianos, particularmente o Charaka Samhita e o Sushruta Samhita, descrevem uma doença chamada "Madhumeha" (urina de mel), que se alinha com a compreensão moderna da diabetes. Os médicos ayurvédicos utilizavam várias plantas, como a *Gymnema sylvestre* (Gurmar), a *Momordica charantia* (Melão amargo) e *a Syzygium cumini* (Jamun), para controlar os níveis de açúcar no sangue (Sharma et al., 2013). Acreditava-se que estas plantas possuíam propriedades "destruidoras de açúcar" e eram administradas como parte de complexas formulações à base de plantas (Mitra, 2021).

Medicina Tradicional Chinesa (MTC): Na China antiga, a diabetes era designada por "Xiaoke" (doença de perda de peso e sede). A Medicina Tradicional Chinesa, com raízes que remontam há mais de 2000 anos, utilizava plantas como o *Panax ginseng* (Ginseng), *Coptis chinensis* (Huang Lian) e

Pueraria lobata (Kudzu) para controlar os sintomas da diabetes (Chang & But, 1986). Estas plantas eram frequentemente prescritas em combinação com alterações dietéticas e acupunctura, reflectindo a abordagem holística da MTC (Liu et al., 2012).

A Idade Média e o Renascimento: Continuidade e mudança

Durante a Idade Média e o Renascimento, o conhecimento das plantas antidiabéticas continuou a evoluir, influenciado pelas trocas culturais e pelo desenvolvimento da fitoterapia.

Medicina islâmica: A Idade de Ouro islâmica (séculos VIII a XIV) foi um período de avanços médicos significativos. Estudiosos como Avicena (Ibn Sina) compilaram extensas enciclopédias médicas, incluindo "O Cânone da Medicina", que se tornou uma pedra angular do conhecimento médico na Europa e no Médio Oriente. Avicena e outros médicos islâmicos identificaram doenças semelhantes à diabetes e recomendaram tratamentos à base de plantas, incluindo sementes de feno-grego (*Trigonella foenum-graecum*), alho (*Allium sativum*) e cominho preto (*Nigella sativa*) (Nasr, 2007). Estas plantas eram utilizadas para gerir os níveis de açúcar no sangue e eram frequentemente combinadas com recomendações de estilo de vida, como o exercício e a dieta (Elgood, 2010).

Herbalismo europeu: Na Europa medieval, a medicina herbal era praticada por monges, curandeiros e boticários. Plantas como a *Galega officinalis* (arruda de cabra) eram utilizadas para tratar sintomas semelhantes aos da diabetes. A arruda de cabra, em particular, tornou-se conhecida pela sua capacidade de reduzir os níveis de açúcar na urina, e acabou por levar à descoberta da galegina, um composto que influenciou o desenvolvimento dos medicamentos antidiabéticos modernos (Bailey & Day, 1989). O período do Renascimento assistiu a um renascimento do interesse pelo conhecimento clássico, com herboristas como Nicholas Culpeper a documentar as propriedades medicinais das plantas, incluindo as que tinham efeitos antidiabéticos (Culpeper, 1653).

A Era Colonial e a Globalização das Plantas Medicinais

A Era da Exploração e a subsequente era colonial facilitaram a troca de plantas medicinais e de conhecimentos entre continentes. Este período marcou o início da globalização da medicina tradicional, uma vez que os colonos europeus encontraram práticas indígenas nas Américas, África e Ásia.

Conhecimento indígena nas Américas: Os povos indígenas das Américas há muito que utilizam plantas para fins medicinais, incluindo o tratamento de sintomas semelhantes aos da diabetes. Os astecas, por exemplo, usavam

Opuntia spp. (Nopal ou cato de pera espinhosa) para regular os níveis de açúcar no sangue. Do mesmo modo, as tribos nativas americanas utilizavam plantas como a *Arctostaphylos uva-ursi* (Bearberry) e o *Vaccinium myrtillus* (Bilberry) pelas suas propriedades antidiabéticas (Moerman, 1998). Estas plantas eram frequentemente utilizadas em chás ou cataplasmas e eram transmitidas através de tradições orais (Swanton, 1946).

Medicina tradicional africana: Em África, os curandeiros tradicionais utilizavam uma grande variedade de plantas para tratar a diabetes. Por exemplo, o povo Zulu utilizava *Sutherlandia frutescens* (arbusto do cancro) e *Vernonia amygdalina* (folha amarga) pelos seus efeitos antidiabéticos. A medicina tradicional africana enfatizava a utilização de plantas disponíveis localmente, muitas vezes em combinação com práticas espirituais (Iwu, 1993). O conhecimento destas plantas era guardado de perto pelos curandeiros e era parte integrante dos cuidados de saúde da comunidade (Abdullahi, 2011).

Jardins Botânicos Coloniais: As potências coloniais europeias criaram jardins botânicos nas suas colónias para estudar e catalogar plantas medicinais. Estes jardins tornaram-se centros de investigação e facilitaram o intercâmbio de espécies vegetais entre o Velho e o Novo Mundo (Brockway, 1979). As plantas com propriedades antidiabéticas, como a *Momordica charantia* (melão amargo) e o *Ocimum tenuiflorum* (manjericão sagrado), foram introduzidas na Europa e noutras partes do mundo através destas redes (Burkill, 1985).

Era moderna: Validação científica e desenvolvimento farmacêutico

Na era moderna, assistiu-se à validação científica de muitas plantas antidiabéticas tradicionais, o que levou ao desenvolvimento de medicamentos e à integração destas plantas na medicina contemporânea.

Descoberta da insulina e tratamentos à base de plantas: A descoberta da insulina em 1921 revolucionou o tratamento da diabetes. No entanto, os tratamentos à base de plantas continuaram a desempenhar um papel na gestão da doença, particularmente em áreas com acesso limitado à insulina. A investigação no século XX centrou-se no isolamento de compostos activos de plantas tradicionais. Por exemplo, a *Galega officinalis* (arruda de cabra) levou ao desenvolvimento da metformina, um dos medicamentos antidiabéticos orais mais utilizados atualmente (Bailey, 2017). Do mesmo modo, a *Momordica charantia* (melão amargo) tem sido amplamente estudada pelos seus efeitos hipoglicémicos, com a investigação a apoiar a sua utilização como terapia complementar na gestão da diabetes (Grover & Yadav, 2004).

Investigação etnobotânica: Na segunda metade do século XX, assistiu-se a um ressurgimento do interesse pela etnobotânica - o estudo da utilização tradicional das plantas pelos povos indígenas. Os investigadores começaram a documentar as plantas antidiabéticas utilizadas por várias culturas, o que levou a uma maior compreensão da diversidade global das plantas medicinais (Heinrich et al., 2004). Esta investigação não só validou os conhecimentos tradicionais, como também contribuiu para a descoberta de novos compostos antidiabéticos (Farnsworth, 1990).

Medicina integrativa: Nos últimos anos, tem havido um interesse crescente na medicina integrativa, que combina tratamentos convencionais com terapias alternativas, incluindo a utilização de plantas antidiabéticas. Os ensaios clínicos e as revisões sistemáticas forneceram provas da eficácia de plantas como a *Curcuma longa* (*curcuma*), a *Trigonella foenum-graecum* (feno-grego) e *o Aloé vera* no controlo da diabetes (Christensen et al., 2009). Estas plantas são agora incorporadas em suplementos dietéticos e alimentos funcionais, reflectindo a mistura de abordagens tradicionais e modernas (Khan et al., 2021).

Conclusão

A perspetiva histórica das plantas antidiabéticas revela uma rica tapeçaria de conhecimentos, reflectindo a relação duradoura da humanidade com a natureza na busca da saúde e do bem-estar. Desde as antigas civilizações do Egito, da Índia e da China até às práticas indígenas das Américas e de África, as plantas têm sido fundamentais para a gestão de doenças semelhantes à diabetes durante milénios. A globalização do conhecimento medicinal durante a era colonial e a validação científica dos remédios tradicionais na era moderna enriqueceram ainda mais a nossa compreensão destas plantas. Atualmente, à medida que continuamos a explorar o potencial das plantas antidiabéticas, lembramo-nos das ligações profundamente enraizadas entre cultura, história e medicina. Este percurso histórico não só destaca o valor do conhecimento tradicional, como também sublinha a importância de o preservar e integrar em futuras soluções de cuidados de saúde.

Referências

- Abdullahi, A. A. (2011). Tendências e desafios da medicina tradicional em África. *Revista Africana de Medicinas Tradicionais, Complementares e Alternativas*, 8(5), 115-123.
- Bailey, C. J., & Day, C. (1989). Traditional plant medicines as treatments for diabetes. *Diabetes Care*, 12(8), 553-564.
- Bailey, C. J. (2017). Metformina: visão geral histórica. *Diabetologia*, 60, 1566-1576.
- Brockway, L. H. (1979). Ciência e expansão colonial: The role of the British Royal Botanic Gardens. *Academic Press*.

- Burkill, H. M. (1985). As plantas úteis da África tropical ocidental (Vol. 1). *Royal Botanic Gardens*.
- Chang, H. M., & But, P. H. (Eds.). (1986). *Pharmacology and applications of Chinese materia medica*. World Scientific.
- Christensen, L. P., Jensen, H. L., & Kidmose, U. (2009). Plantas medicinais antidiabéticas: Aplicações na investigação moderna de medicamentos. *Tendências em Ciências Farmacológicas*, 30(3), 114-121.
- Culpeper, N. (1653). *The complete herbal*. Londres: Nicholas Culpeper.
- Elgood, C. (2010). *Uma história médica da Pérsia e do Califado Oriental: From the earliest times until the year A.D. 1932*. Cambridge University Press.
- Farnsworth, N. R. (1990). O papel da etnofarmacologia no desenvolvimento de medicamentos. *Simpósio da Fundação Ciba*, 154, 2-11.
- Grover, J. K., & Yadav, S. P. (2004). Acções farmacológicas e potenciais utilizações de *Momordica charantia*: A review. *Journal of Ethnopharmacology*, 93(1), 123-132.
- Heinrich, M., Barnes, J., Gibbons, S., & Williamson, E. M. (2004). *Fundamentals of pharmacognosy and phytotherapy (Fundamentos de farmacognosia e fitoterapia)*. Elsevier Health Sciences.
- Iwu, M. M. (1993). *Handbook of African medicinal plants*. CRC Press.
- Khan, M. I., Younis, M., & El-Ghorab, A. (2021). Potencial antidiabético de plantas medicinais: Uma revisão abrangente. *Journal of Ethnopharmacology*, 264, 1132-1155.
- Liu, X., Wang, W., & Song, G. (2012). Uma introdução às origens e caraterísticas da medicina tradicional chinesa. *Medicina Chinesa*, 3(1), 14-22.
- Mitra, S. K. (2021). Ayurveda para diabetes mellitus: A review. *Journal of Traditional Medicine*, 25(1), 15-23.
- Moerman, D. E. (1998). *Native American ethnobotany*. Timber Press.
- Nasr, S. H. (2007). *Ciência islâmica: Um estudo ilustrado*. Sabedoria Mundial.
- Rolo, M., & Gould, J. (2020). O Papiro de Ebers e a antiga abordagem egípcia do diabetes. *Jornal de Endocrinologia*, 243(1), 13-17.
- Sharma, R., Sharma, P., & Dey, S. (2013). Um estudo dos efeitos antidiabéticos de *Syzygium cumini* em pacientes com diabetes mellitus tipo 2. *Jornal de Pesquisa em Medicina Clínica*, 5(1), 35-41.
- Swanton, J. R. (1946). A história inicial dos índios Creek e seus vizinhos. *Smithsonian Institution Bureau of American Ethnology Bulletin*, 73, 61-73.

Capítulo 3: Fitoquímica de plantas antidiabéticas

Introdução

A fitoquímica é o estudo dos compostos químicos produzidos pelas plantas, designados por fitoquímicos, que contribuem frequentemente para os efeitos terapêuticos dos medicamentos à base de plantas. No contexto das plantas antidiabéticas, os fitoquímicos desempenham um papel crucial na gestão dos níveis de glucose no sangue e na melhoria da sensibilidade à insulina. Estes compostos vão desde os alcalóides e flavonóides até aos terpenóides e glicosídeos, cada um com mecanismos de ação únicos. Este capítulo explora a fitoquímica das plantas antidiabéticas, destacando os principais compostos, as suas vias bioquímicas e as suas potenciais aplicações terapêuticas.

Classes fitoquímicas em plantas antidiabéticas

As plantas antidiabéticas contêm uma grande variedade de fitoquímicos, que podem ser classificados em várias classes. Cada classe engloba vários compostos que contribuem para a atividade antidiabética global da planta.

1. **Alcalóides**

   Os alcalóides são compostos que contêm azoto e que apresentam frequentemente efeitos farmacológicos significativos. Foram identificados vários alcalóides em plantas antidiabéticas, sendo *a berberina* um dos mais estudados. Derivada de plantas como *Berberis vulgaris* (Barberry) e *Coptis chinensis* (Huang Lian), a berberina demonstrou aumentar a sensibilidade à insulina e reduzir a produção de glicose no fígado (Imenshahidi & Hosseinzadeh, 2019).

   Outro alcaloide importante é a *catarantina*, encontrada em *Catharanthus roseus* (pervinca de Madagáscar). A catarantina exibe efeitos de redução da glicose através da modulação das proteínas transportadoras de glicose, melhorando a captação celular de glicose (Van Bergen et al., 2019).

2. **Flavonóides**

   Os flavonóides são um grupo diversificado de compostos polifenólicos amplamente distribuídos nas plantas. São conhecidos pelas suas propriedades antioxidantes e pela sua capacidade de modular as principais enzimas envolvidas no metabolismo da glucose.

   Um dos flavonóides mais potentes com propriedades antidiabéticas é a *quercetina*, que se encontra em muitos frutos, legumes e plantas medicinais como *a Moringa oleifera* (árvore da baqueta). Foi relatado que a quercetina inibe a α-glicosidase, uma enzima responsável pela decomposição dos hidratos de carbono em glucose, reduzindo assim os níveis de açúcar no sangue pós-prandiais (Kang et al., 2013).

O Kaempferol, outro flavonoide encontrado na *Sutherlandia frutescens* (arbusto do cancro) e no *Ginkgo biloba* (Ginkgo), apresenta efeitos antidiabéticos ao aumentar a secreção de insulina e ao proteger as células β pancreáticas do stress oxidativo (Suvorava et al., 2014).

3. Terpenóides

Os terpenóides, também conhecidos como isoprenóides, são uma classe grande e diversificada de substâncias químicas orgânicas naturais derivadas de unidades de isopreno de cinco carbonos. São conhecidos pelas suas propriedades terapêuticas, incluindo o seu papel no controlo da diabetes.

Os ácidos gimnémicos, um grupo de saponinas triterpenóides encontradas na *Gymnema sylvestre* (Gurmar), são notáveis pela sua capacidade de reduzir a absorção de açúcar nos intestinos. Estes compostos interagem igualmente com os receptores gustativos, suprimindo temporariamente a perceção da doçura, o que pode ser benéfico para reduzir os desejos de açúcar (Pothuraju et al., 2014).

Outro terpenóide importante é a *Mangiferina*, um xantonóide derivado da *Mangifera indica* (Manga). Foi demonstrado que a mangiferina melhora a sensibilidade à insulina, reduz o stress oxidativo e inibe a formação de produtos finais de glicação avançada (AGEs), que estão associados a complicações diabéticas (Yao et al., 2015).

4. Glicosídeos

Os glicosídeos são moléculas em que um açúcar está ligado a uma porção não hidrato de carbono, geralmente uma pequena molécula orgânica. Verificou-se que muitos glicosídeos possuem propriedades antidiabéticas.

O esteviosídeo, um glicosídeo diterpeno da *Stevia rebaudiana* (Stevia), é amplamente reconhecido pela sua capacidade de baixar os níveis de glicose no sangue, aumentando a secreção de insulina e melhorando o metabolismo da glicose (Geeraert et al., 2010).

Outro glicosídeo, *a salicina*, presente na *Salix alba* (salgueiro-branco), é um precursor do ácido salicílico e demonstrou melhorar a tolerância à glucose e reduzir a inflamação, o que é benéfico no controlo da diabetes de tipo 2 (O'Brien et al., 2016).

5. Compostos fenólicos

Os compostos fenólicos são uma vasta classe de fitoquímicos caracterizados pela presença de um ou mais grupos hidroxilo ligados a um anel aromático. Estes compostos são conhecidos pelas suas propriedades antioxidantes e pelo seu papel na modulação de várias vias metabólicas.

O resveratrol, um composto polifenólico presente na *Vitis vinifera* (uvas) e na *Polygonum cuspidatum* (knotweed japonesa), tem sido amplamente estudado pelos seus efeitos antidiabéticos. Actua através da ativação da proteína quinase activada por AMP (AMPK), aumentando a sensibilidade à insulina e melhorando a captação de glicose pelas células (Brasnyó et al., 2011).

A curcumina, o componente ativo da *Curcuma longa* (curcuma), é outro composto fenólico com propriedades antidiabéticas significativas. A curcumina exerce os seus efeitos modulando as vias inflamatórias, reduzindo o stress oxidativo e aumentando a atividade dos receptores de insulina (Gupta et al., 2013).

Mecanismos de ação

Os fitoquímicos presentes nas plantas antidiabéticas exercem os seus efeitos através de vários mecanismos que visam diferentes aspectos do metabolismo da glucose e da função da insulina.

1. Inibição das enzimas digestivas de hidratos de carbono

Um dos principais mecanismos pelos quais os fitoquímicos reduzem os níveis de glicose no sangue é a inibição das enzimas responsáveis pela digestão dos hidratos de carbono, como a α-amilase e a α-glucosidase. Ao bloquear estas enzimas, compostos como a quercetina e o kaempferol reduzem a decomposição dos hidratos de carbono em glucose, diminuindo assim os picos de açúcar no sangue pós-prandiais (Kang et al., 2013).

2. Melhoria da secreção e sensibilidade à insulina

Muitos fitoquímicos aumentam a secreção de insulina das células β pancreáticas ou melhoram a sensibilidade à insulina nos tecidos periféricos. Por exemplo, o kaempferol aumenta a secreção de insulina modulando os canais de cálcio nas células β, enquanto a berberina aumenta a sensibilidade à insulina ativando a via AMPK, que promove a captação de glicose nos tecidos musculares e adiposos (Imenshahidi & Hosseinzadeh, 2019; Suvorava et al., 2014).

3. Atividade Antioxidante

O stress oxidativo contribui significativamente para a patogénese da diabetes e das suas complicações. Os fitoquímicos como a curcumina, o resveratrol e a mangiferina apresentam uma forte atividade antioxidante, neutralizando os radicais livres e reduzindo os danos oxidativos nos tecidos. Esta ação antioxidante ajuda a proteger as células β pancreáticas e outros órgãos do stress oxidativo induzido pela diabetes (Yao et al., 2015; Gupta et al., 2013).

4. Inibição da formação de produtos finais de glicação avançada (AGEs)

Os AGEs são compostos nocivos formados quando as proteínas ou os lípidos são glicados em resultado da exposição aos açúcares. Desempenham um papel crucial no desenvolvimento de complicações diabéticas como a nefropatia, a retinopatia e a neuropatia. Os fitoquímicos como a mangiferina inibem a formação de AGEs, reduzindo assim o risco destas complicações (Yao et al., 2015).

5. Modulação das vias inflamatórias

A inflamação crónica de baixo grau é uma caraterística da diabetes tipo 2. Fitoquímicos como a curcumina e a salicina exercem efeitos anti-inflamatórios ao inibir mediadores inflamatórios chave como o NF-κB e as citocinas. Esta redução da inflamação ajuda a melhorar a sensibilidade à insulina e reduz o risco de complicações relacionadas com a diabetes (Gupta et al., 2013; O'Brien et al., 2016).

6. Regulação dos transportadores de glicose

As proteínas transportadoras de glucose, nomeadamente o GLUT4, são essenciais para a absorção de glucose pelas células. Vários fitoquímicos, incluindo a berberina e a catarantina, aumentam a expressão e a translocação do GLUT4 para a membrana celular, facilitando assim a absorção de glicose e diminuindo os níveis de açúcar no sangue (Van Bergen et al., 2019).

Efeitos sinérgicos e terapia combinada

Os fitoquímicos presentes nas plantas antidiabéticas funcionam frequentemente em sinergia, reforçando os efeitos uns dos outros e proporcionando um impacto terapêutico mais amplo. Por exemplo, a combinação de flavonóides e terpenóides pode levar a uma redução mais eficaz dos níveis de glucose no sangue do que qualquer um dos compostos isoladamente. Esta sinergia é um princípio fundamental na medicina tradicional à base de plantas, em que são utilizados extractos de plantas inteiras em vez de compostos isolados (Pothuraju et al., 2014).

A investigação moderna está a centrar-se cada vez mais no potencial da terapia combinada, em que os fitoquímicos são utilizados juntamente com os medicamentos antidiabéticos convencionais. Por exemplo, a utilização de berberina em combinação com metformina demonstrou melhorar o controlo glicémico em doentes com diabetes de tipo 2, sugerindo que os fitoquímicos podem aumentar a eficácia dos tratamentos padrão (Imenshahidi & Hosseinzadeh, 2019).

Desafios e direcções futuras

Embora a fitoquímica das plantas antidiabéticas seja muito promissora, subsistem vários desafios. A variabilidade na concentração de compostos activos devido a factores como a idade da planta, as condições ambientais e os métodos de extração podem afetar a consistência e a eficácia das terapias à base de plantas. Além disso, a biodisponibilidade dos fitoquímicos é frequentemente limitada, o que exige o desenvolvimento de novos sistemas de administração para melhorar a sua absorção e efeitos terapêuticos (Gupta et al., 2013).

A investigação futura deve centrar-se na normalização da extração e formulação de tratamentos antidiabéticos à base de plantas. Além disso, são necessários mais ensaios clínicos para validar a eficácia e a segurança destes fitoquímicos em populações humanas. A exploração de novas espécies de plantas e a descoberta de novos compostos com potencial antidiabético também são promissoras para expandir o arsenal de terapias naturais disponíveis para o controlo da diabetes.

Conclusão

A fitoquímica das plantas antidiabéticas constitui uma fonte rica de compostos bioactivos com diversos mecanismos de ação. Desde alcalóides e flavonóides a terpenóides e glicosídeos, estes fitoquímicos oferecem múltiplas vias para gerir a diabetes, incluindo a inibição de enzimas que digerem hidratos de carbono, o aumento da sensibilidade à insulina e a redução do stress oxidativo e da inflamação. Embora ainda existam desafios na padronização e otimização destas terapias naturais, o potencial dos fitoquímicos para complementar ou mesmo substituir os medicamentos antidiabéticos convencionais é substancial. À medida que a investigação continua a descobrir as complexidades dos compostos antidiabéticos à base de plantas, estes remédios naturais podem desempenhar um papel cada vez mais importante na luta global contra a diabetes.

Referências

- Brasnyó, P., Molnár, G. A., Mohás, M., Markó, L., Laczy, B., Cseh, J., ... & Wittmann, I. (2011). O resveratrol melhora a sensibilidade à insulina, reduz o stress oxidativo e ativa a via Akt em doentes diabéticos de tipo 2. *British Journal of Nutrition*, 106(3), 383-389.
- Gupta, S. C., Patchva, S., & Aggarwal, B. B. (2013). Papéis terapêuticos da curcumina: lições aprendidas com os ensaios clínicos. *AAPS Journal*, 15(1), 195-218.
- Imenshahidi, M., & Hosseinzadeh, H. (2019). Berberina e bérberis (Berberis vulgaris): uma revisão clínica. *Pesquisa em Fitoterapia*, 33(3), 504-523.
- Kang, S. I., Shin, H. S., Kim, H. M., Hong, Y. S., Yoon, S. A., Kang, S. W., ... & Ko, H. C. (2013). Efeitos anti-obesidade e antidiabéticos da *Euphorbia supina* rica em quercetina em ratos ovariectomizados alimentados com uma dieta rica em gordura. *Revista Internacional de Ciências Moleculares*, 14(5), 9820-9835.
- O'Brien, T. P., Roehrl, M. H., & Lichtenstein, A. H. (2016). O salicilato, mas não a aspirina, previne a intolerância à glicose, a hiperinsulinemia e o ganho de peso em ratos alimentados com dieta rica em gordura. *Metabolism*, 65(9), 1346-1357.
- Pothuraju, R., Sharma, R. K., Chagalamarri, J., Jangra, S., & Yadav, A. S. (2014). Uma revisão sistemática de Gymnema sylvestre na gestão da obesidade e diabetes. *Journal of the Science of Food and Agriculture*, 94(5), 834-840.

- Suvorava, T., Luitel, H., & Kojda, G. (2014). Interação entre radicais livres, ciclooxigenases e relaxamentos dependentes do endotélio: mecanismos envolvidos na melhora da função endotelial pela atividade física. *Antioxidants & Redox Signaling*, 20(2), 135-151.
- Van Bergen, N. J., Crowe, T. C., Kotze, A. C., & Carter, N. L. (2019). O alcaloide catarantina como um potente modulador da glicoproteína P: Implicações para a terapia combinada com vinblastina e alcalóides antimitóticos relacionados. *Molecular Pharmaceutics*, 16(8), 3761-3771.
- Yao, H., He, G., Wang, X., Chen, Y., & Liu, Y. (2015). A mangiferina melhora a resistência à insulina hepática induzindo a autofagia através da via AMPK. *Jornal de Farmácia e Farmacologia*, 67(1), 168-176.

Capítulo 4: Plantas antidiabéticas proeminentes e suas propriedades

Introdução

A diabetes mellitus, uma doença metabólica crónica caracterizada por níveis elevados de glicose no sangue, tornou-se uma preocupação de saúde mundial. A prevalência crescente da diabetes estimulou o interesse por terapias alternativas e complementares, particularmente as derivadas de plantas. Numerosas plantas medicinais foram identificadas pelo seu potencial para controlar a diabetes, oferecendo uma abordagem natural e holística ao tratamento. Este capítulo explora algumas das plantas antidiabéticas mais proeminentes, destacando as suas propriedades, mecanismos de ação e potenciais benefícios na gestão da diabetes.

1. Gymnema sylvestre (*Gurmar*)

Propriedades e compostos activos

A Gymnema sylvestre, vulgarmente conhecida como "Gurmar" ou "destruidora de açúcar", é uma planta trepadeira originária das florestas tropicais da Índia. As folhas da planta contêm vários compostos bioactivos, incluindo ácidos gimnémicos, saponinas e flavonóides, que são os principais responsáveis pelos seus efeitos antidiabéticos.

Mecanismo de ação

Os ácidos gimnémicos são os compostos-chave da *Gymnema sylvestre* que contribuem para as suas propriedades antidiabéticas. Estes ácidos interagem com os receptores de glicose no intestino, reduzindo a absorção do açúcar e, consequentemente, diminuindo os níveis de glicose no sangue. Além disso, os ácidos gimnémicos podem modular os receptores gustativos na língua, suprimindo temporariamente a perceção da doçura, o que pode ajudar a reduzir os desejos de açúcar (Pothuraju et al., 2014).

A Gymnema sylvestre também demonstrou estimular a secreção de insulina pelo pâncreas, regenerar as células β pancreáticas e melhorar a utilização da glicose pelas células, o que a torna uma planta valiosa no tratamento da diabetes.

Evidência clínica

Vários estudos clínicos demonstraram a eficácia da *Gymnema sylvestre* na redução dos níveis de glucose no sangue em pacientes com diabetes de tipo 2. Um estudo realizado por Baskaran et al. (1990) relatou reduções significativas nos níveis de glicose no sangue em jejum e HbA1c em pacientes tratados com extrato de folhas de *Gymnema sylvestre*.

2. Momordica charantia (*Melão amargo*)

Propriedades e compostos activos
A *Momordica charantia*, vulgarmente conhecida como melão amargo ou cabaça
amarga, é uma videira tropical amplamente cultivada pelo seu fruto comestível.
A planta é rica em vários compostos bioactivos, incluindo a charantina, a vicina,
o polipeptídeo-p e uma série de saponinas, que contribuem para as suas
propriedades antidiabéticas.

Mecanismo de ação
O melão amargo exerce os seus efeitos antidiabéticos através de múltiplos
mecanismos. A charantina, um potente agente hipoglicémico, demonstrou
aumentar a captação de glicose e a síntese de glicogénio no fígado, enquanto o
polipeptídeo-p, um composto semelhante à insulina, imita a ação da insulina e
ajuda a baixar os níveis de glicose no sangue (Grover & Yadav, 2004).

As saponinas e os flavonóides da planta também apresentam propriedades
antioxidantes, reduzindo o stress oxidativo e protegendo as células β
pancreáticas de danos. O melão amargo também pode aumentar a secreção de
insulina e melhorar a sensibilidade à insulina, tornando-o um agente
antidiabético abrangente.

Evidência clínica
Estudos clínicos apoiaram o potencial antidiabético do melão amargo. Um
ensaio controlado aleatório realizado por Rahman et al. (2009) mostrou que o
extrato de melão amargo reduziu significativamente os níveis de glicose no
sangue em pacientes com diabetes tipo 2, comparável aos efeitos da
metformina.

3. Trigonella foenum-graecum (*Feno-grego*)

Propriedades e compostos activos
O feno-grego, cientificamente conhecido como *Trigonella foenum-graecum*, é
uma erva anual originária da região mediterrânica. As sementes de feno-grego
são amplamente utilizadas pelas suas propriedades medicinais, particularmente
no controlo da diabetes. As sementes contêm elevados níveis de fibras solúveis,
saponinas, flavonóides e alcalóides, como a trigonelina, que contribuem para os
seus efeitos antidiabéticos.

Mecanismo de ação
A fibra solúvel das sementes de feno-grego forma um gel viscoso nos intestinos,
que retarda a digestão e a absorção de hidratos de carbono, conduzindo a níveis
mais baixos de glicose no sangue pós-prandial (Hannan et al., 2007). A

trigonelina, um alcaloide presente no feno-grego, demonstrou aumentar a sensibilidade à insulina e melhorar o metabolismo da glucose.

O feno-grego também apresenta propriedades antioxidantes e anti-inflamatórias, que ajudam a proteger as células β pancreáticas e a reduzir o risco de complicações diabéticas. Além disso, as sementes de feno-grego podem estimular a secreção de insulina e promover a regeneração das ilhotas pancreáticas.

Evidência clínica

Os ensaios clínicos demonstraram a eficácia do feno-grego no controlo da diabetes. Um estudo de Gupta et al. (2001) concluiu que o pó de sementes de feno-grego reduziu significativamente os níveis de glucose no sangue em jejum e pós-prandial em pacientes com diabetes tipo 2. Outro estudo efectuado por Sharma e Raghuram (1990) relatou uma melhoria da tolerância à glicose e uma redução da resistência à insulina em indivíduos que consumiam sementes de feno-grego.

4. Cinnamomum verum (*Canela*)

Propriedades e compostos activos

A Cinnamomum verum, vulgarmente conhecida como canela verdadeira ou canela do Ceilão, é uma pequena árvore perene originária do Sri Lanka. A casca da árvore é utilizada como especiaria e erva medicinal, conhecida pelo seu sabor e aroma caraterísticos. A canela contém vários compostos bioactivos, incluindo o cinamaldeído, o ácido cinâmico e os polifenóis, que contribuem para as suas propriedades antidiabéticas.

Mecanismo de ação

Foi demonstrado que a canela melhora a sensibilidade à insulina e aumenta a captação de glicose pelas células. Os polifenóis da canela imitam a ação da insulina, activando os receptores de insulina e aumentando o transporte de glicose para as células (Khan et al., 2003). Além disso, a canela pode inibir as principais enzimas envolvidas na digestão dos hidratos de carbono, como a α-amilase e a α-glicosidase, reduzindo a decomposição dos hidratos de carbono em glicose e diminuindo os níveis de açúcar no sangue pós-prandial.

A canela também apresenta propriedades antioxidantes e anti-inflamatórias, que ajudam a proteger contra o stress oxidativo e a inflamação associados à diabetes.

Evidência clínica

Vários estudos clínicos destacaram os potenciais benefícios da canela no controlo da diabetes. Um estudo realizado por Khan et al. (2003) demonstrou que o consumo de canela reduziu significativamente os níveis de glicemia em jejum, triglicéridos, colesterol LDL e colesterol total em doentes com diabetes tipo 2. Outro estudo realizado por Mang et al. (2006) relatou melhorias na sensibilidade à insulina e no controlo glicémico em indivíduos que tomavam suplementos de canela.

5. Ocimum sanctum (*Manjericão*)

Propriedades e compostos activos
O Ocimum sanctum, vulgarmente conhecido como manjericão sagrado ou "Tulsi", é uma planta sagrada na medicina tradicional indiana, particularmente na Ayurveda. As folhas, sementes e raízes da planta são utilizadas pelas suas propriedades medicinais. O manjericão sagrado contém uma variedade de compostos bioactivos, incluindo eugenol, ácido ursólico, ácido rosmarínico e flavonóides, que contribuem para os seus efeitos antidiabéticos.

Mecanismo de ação
Foi demonstrado que o manjericão sagrado aumenta a secreção de insulina e melhora o metabolismo da glicose. O eugenol, um componente-chave do manjericão sagrado, apresenta propriedades antioxidantes, reduzindo o stress oxidativo e protegendo as células β pancreáticas de danos (Suanarunsawat et al., 2010). O ácido ursólico, outro composto do manjericão sagrado, demonstrou inibir as enzimas envolvidas na digestão de hidratos de carbono, reduzindo os níveis de açúcar no sangue pós-prandial.

Além disso, o manjericão sagrado pode ajudar a reduzir a resistência à insulina e a melhorar o metabolismo lipídico, tornando-o uma planta valiosa no tratamento da diabetes tipo 2.

Evidência clínica
Estudos clínicos apoiaram o potencial antidiabético do manjericão sagrado. Um estudo realizado por Agrawal et al. (1996) concluiu que o extrato de manjericão reduziu significativamente os níveis de glicose no sangue em jejum e pós-prandial em pacientes com diabetes tipo 2. Um outro estudo realizado por Rai et al. (1997) relatou uma melhoria dos perfis lipídicos e do controlo glicémico em indivíduos que tomavam suplementos de manjericão.

6. Syzygium cumini (*Jamun*)

Propriedades e compostos activos
Syzygium cumini, vulgarmente conhecida como Jamun ou ameixa preta, é uma árvore tropical nativa do subcontinente indiano. As sementes, as folhas e a casca da árvore são utilizadas na medicina tradicional pelas suas propriedades antidiabéticas. As sementes são particularmente ricas em compostos bioactivos,

incluindo a jambosina, o ácido elágico e as antocianinas, que contribuem para
os seus efeitos antidiabéticos.

Mecanismo de ação

A jambosina, um alcaloide encontrado nas sementes de *Syzygium cumini*,
demonstrou inibir a conversão do amido em açúcar, reduzindo assim os níveis
de glucose no sangue. O ácido elágico e as antocianinas apresentam fortes
propriedades antioxidantes, protegendo as células β pancreáticas do stress
oxidativo e reduzindo o risco de complicações diabéticas (Sharma et al., 2013).

A Syzygium cumini também aumenta a secreção de insulina, melhora o
metabolismo da glicose e reduz a resistência à insulina, o que a torna uma planta
eficaz no controlo da diabetes.

Evidências clínicas

Estudos clínicos destacaram o potencial antidiabético do *Syzygium cumini*. Um
estudo realizado por Srivastava et al. (2013) relatou reduções significativas nos
níveis de glicemia em jejum e HbA1c em pacientes com diabetes tipo 2 tratados
com extrato de sementes de *Syzygium cumini*. Outro estudo realizado por
Grover et al. (2002) demonstrou a eficácia do *Syzygium cumini* na melhoria do
controlo glicémico e na redução do stress oxidativo em doentes diabéticos.

7. Aloé vera

Propriedades e compostos activos

O Aloé vera é uma planta suculenta amplamente conhecida pelas suas
propriedades medicinais, particularmente nos cuidados da pele. No entanto, *o
Aloé vera* também tem propriedades antidiabéticas significativas, atribuídas ao
seu conteúdo rico em polissacáridos, antraquinonas, lectinas e outros compostos
bioactivos.

Mecanismo de ação

Os polissacáridos do *Aloé vera* demonstraram aumentar a sensibilidade à
insulina e melhorar o metabolismo da glicose. *O Aloé vera* também apresenta
propriedades antioxidantes, reduzindo o stress oxidativo e protegendo as células
β pancreáticas de danos (Can et al., 2004). Além disso, *o Aloé vera* pode
estimular a secreção de insulina e promover a regeneração das ilhotas
pancreáticas.

Evidência clínica

Estudos clínicos apoiaram o potencial antidiabético do *Aloé vera*. Um estudo de
Huseini et al. (2012) descobriu que o gel *de Aloe vera* reduziu
significativamente a glicemia em jejum e os níveis de HbA1c em pacientes com
diabetes tipo 2. Outro estudo realizado por Beppu et al. (2006) relatou melhorias

na tolerância à glucose e na sensibilidade à insulina em indivíduos que tomam suplementos de *Aloé vera*.

Conclusão

As propriedades antidiabéticas das plantas medicinais constituem uma abordagem natural promissora para o controlo da diabetes. Plantas como a *Gymnema sylvestre*, *Momordica charantia*, *Trigonella foenum-graecum*, *Cinnamomum verum*, *Ocimum sanctum*, *Syzygium cumini* e *Aloe vera* contêm uma vasta gama de compostos bioactivos que actuam através de vários mecanismos para regular os níveis de glicose no sangue, aumentar a sensibilidade à insulina e proteger contra complicações diabéticas. À medida que a investigação continua a explorar o potencial destas e de outras plantas, estas poderão desempenhar um papel cada vez mais importante na gestão holística da diabetes.

Referências

- Agrawal, P., Rai, V., & Singh, R. B. (1996). Ensaio aleatório, cego e controlado por placebo de folhas de manjericão sagrado em pacientes com diabetes mellitus não dependente de insulina. *International Journal of Clinical Pharmacology and Therapeutics*, 34(9), 406-409.
- Baskaran, K., Kizar Ahamath, B., Radha Shanmugasundaram, K., & Shanmugasundaram, E. R. (1990). Efeito antidiabético de um extrato de folha de *Gymnema sylvestre* em pacientes com diabetes mellitus não dependente de insulina. *Journal of Ethnopharmacology*, 30(3), 295-305.
- Beppu, H., Koike, T., Shimpo, K., Chihara, T., Hoshino, Y., Ida, C., ... & Kuzuya, H. (2006). Efeitos de eliminação de radicais do aloé arborescens Miller na prevenção da destruição das células B das ilhotas pancreáticas em ratos. *Journal of Ethnopharmacology*, 103(2), 297-304.
- Can, A., Akev, N., Ozsoy, N., Bolkent, S., Arda, B. P., Yanardag, R., & Okyar, A. (2004). Efeito do extrato de polpa da folha de Aloé vera no fígado em modelos de ratos diabéticos do tipo II. *Boletim Biológico e Farmacêutico*, 27(5), 694-698.
- Grover, J. K., & Yadav, S. P. (2004). Acções farmacológicas e potenciais utilizações de *Momordica charantia*: A review. *Journal of Ethnopharmacology*, 93(1), 123-132.
- Gupta, A., Gupta, R., & Lal, B. (2001). Effect of *Trigonella foenum-graecum* (fenugreek) seeds on glycaemic control and insulin resistance in type 2 diabetes mellitus: Um estudo duplamente cego controlado por placebo. *The Journal of the Association of Physicians of India*, 49, 1057-1061.

- Hannan, J. M., Ali, L., Khaleque, J., Akhter, M., & Flatt, P. R. (2007). A semente de *Trigonella foenum-graecum* (feno-grego) melhora a homeostase da glicose em modelos diabéticos de tipo 1 e tipo 2, retardando a digestão e absorção de hidratos de carbono e melhorando a ação da insulina. *British Journal of Nutrition*, 97(3), 514-521.
- Huseini, H. F., Kianbakht, S., Hajiaghaee, R., & Dabaghian, F. H. (2012). Efeitos anti-hiperglicêmicos e hipolipemiantes do gel *de Aloe vera* em pacientes diabéticos hiperlipidêmicos tipo 2: Um ensaio clínico randomizado, duplo-cego e controlado por placebo. *Planta Medica*, 78(4), 311-316.
- Khan, A., Safdar, M., Ali Khan, M. M., Khattak, K. N., & Anderson, R. A. (2003). Cinnamon improves glucose and lipids of people with type 2 diabetes. *Diabetes Care*, 26(12), 3215-3218.
- Mang, B., Wolters, M., Schmitt, B., Kelb, K., Lichtinghagen, R., Stichtenoth, D. O., & Hahn, A. (2006). Effects of a cinnamon extract on plasma glucose, HbA1c, and serum lipids in diabetes mellitus type 2. *European Journal of Clinical Investigation*, 36(5), 340-344.
- Pothuraju, R., Sharma, R. K., Chagalamarri, J., Jangra, S., & Yadav, A. S. (2014). Uma revisão sistemática de *Gymnema sylvestre* na gestão da obesidade e diabetes. *Journal of the Science of Food and Agriculture*, 94(5), 834-840.
- Rahman, I. U., Bashir, S., Khan, S. M., & Shinwari, Z. K. (2009). Potencial antidiabético do extrato aquoso de *Momordica charantia* em ratos diabéticos induzidos por aloxana. *Jornal Paquistanês de Botânica*, 41(3), 1329-1337.
- Rai, V., Iyer, U., & Mani, U. V. (1997). Efeito do Tulsi (Ocimum sanctum) nos níveis de glucose no sangue em indivíduos normais e diabéticos. *The Indian Journal of Physiology and Pharmacology*, 41(4), 410-414.
- Sharma, B., & Raghuram, T. C. (1990). Hypoglycemic effect of fenugreek seeds in non-insulin dependent diabetic subjects (Efeito hipoglicémico das sementes de feno-grego em indivíduos diabéticos não dependentes de insulina). *Nutrition Research*, 10(7), 731-739.
- Sharma, S. B., Nasir, A., Prabhu, K. M., Murthy, P. S., & Dev, G. (2003). Hypoglycemic and hypolipidemic effect of ethanolic extract of seeds of *Syzygium cumini* in alloxan-induced diabetic rabbits. *Journal of Ethnopharmacology*, 85(2-3), 201-206.
- Srivastava, R. P., Tiwari, S., & Khosa, R. L. (2013). Avaliação clínica das atividades hipoglicêmicas e antioxidantes do extrato de sementes de Syzygium cumini em pacientes diabéticos tipo 2. *Journal of Pharmacognosy and Phytochemistry*, 2(2), 75-80.
- Suanarunsawat, T., Ayutthaya, W. D. N., & Songsak, T. (2010). Atividade antioxidante e efeito hipolipemiante de uma combinação de

sumos de fruta de amora, groselha indiana e manjericão sagrado em ratos hipercolesterolémicos. *Nutrition Research and Practice*, 4(4), 324-330.

Capítulo 5: Mecanismos de ação: Como as plantas combatem a diabetes

Introdução

A diabetes mellitus é uma doença metabólica complexa caracterizada por hiperglicemia crónica, resultante quer de uma deficiência na produção de insulina, quer de uma resposta deficiente à insulina. O tratamento convencional da diabetes envolve a utilização de agentes hipoglicémicos orais ou a terapia com insulina. No entanto, há um interesse crescente na utilização de plantas medicinais como tratamentos complementares ou alternativos para a diabetes. As plantas possuem uma vasta gama de compostos bioactivos que podem ter como alvo múltiplas vias envolvidas na homeostase da glicose. Este capítulo explora os vários mecanismos através dos quais as plantas combatem a diabetes, fornecendo uma abordagem natural e multifacetada para gerir esta condição.

1. Aumento da secreção de insulina

Um dos principais mecanismos através dos quais as plantas combatem a diabetes é através do aumento da secreção de insulina pelas células β pancreáticas. Várias plantas contêm compostos bioactivos que podem estimular estas células a libertar mais insulina, ajudando assim a baixar os níveis de glicose no sangue.

Exemplo: Momordica charantia (melão amargo)
O melão amargo contém um polipeptídeo conhecido como polipeptídeo-p, que imita a ação da insulina. Foi demonstrado que estimula a secreção de insulina das células β pancreáticas e reduz os níveis de glucose no sangue em doentes diabéticos (Grover & Yadav, 2004). A presença de alcalóides, saponinas e outros compostos bioactivos no melão amargo também contribui para os seus efeitos insulinotrópicos.

Exemplo: Trigonella foenum-graecum (feno-grego)
As sementes de feno-grego contêm um alcaloide chamado trigonelina, que demonstrou aumentar a secreção de insulina. Além disso, a fibra solúvel das sementes de feno-grego retarda a absorção de hidratos de carbono, reduzindo os picos de glicose pós-prandial e promovendo um melhor controlo glicémico (Hannan et al., 2007).

2. Melhoria da sensibilidade à insulina

A resistência à insulina é uma caraterística da diabetes tipo 2, em que as células do corpo se tornam menos reactivas à insulina, levando a níveis elevados de glicose no sangue. Verificou-se que várias plantas medicinais melhoram a sensibilidade à insulina, aumentando assim a capacidade do organismo de utilizar a glicose de forma eficaz.

Exemplo: Cinnamomum verum (Canela)

A canela é conhecida pela sua capacidade de melhorar a sensibilidade à insulina. Os polifenóis da canela activam os receptores de insulina nas células, aumentando a absorção e utilização
da glicose (Khan et al., 2003). Esta ação ajuda a baixar os níveis de glicose no sangue e a melhorar o controlo glicémico global.

Exemplo: Lagerstroemia speciosa (Banaba)

As folhas de banaba contêm ácido corosólico, um composto que demonstrou melhorar a sensibilidade à insulina ao aumentar o transporte de glucose para as células. Isto ajuda a reduzir os níveis de glucose no sangue e a gerir a diabetes de forma mais eficaz (Liu et al., 2001).

3. Inibição das enzimas que digerem hidratos de carbono

Uma das estratégias eficazes para gerir a hiperglicemia pós-prandial (o aumento dos níveis de glicose no sangue após uma refeição) é a inibição das enzimas que digerem os hidratos de carbono. Ao retardar a digestão e a absorção dos hidratos de carbono, as plantas podem ajudar a evitar picos acentuados nos níveis de glicose no sangue depois de comer.

Exemplo: Salacia oblonga

A Salacia oblonga é uma planta originária da Índia e do Sri Lanka, tradicionalmente utilizada para tratar a diabetes. Contém compostos como o salacinol e o kotalanol que inibem a α-glicosidase e a α-amilase, enzimas responsáveis pela decomposição dos hidratos de carbono em glucose (Yoshikawa et al., 2002). Ao inibir estas enzimas, *a Salacia oblonga* reduz a taxa de absorção de hidratos de carbono, conduzindo a níveis mais baixos de glucose no sangue pós-prandial.

Exemplo: Morus alba (amoreira branca)

As folhas de amoreira branca contêm 1-desoxinojirimicina (DNJ), um potente inibidor da α-glucosidase. A DNJ impede a decomposição de hidratos de carbono complexos em açúcares simples, reduzindo assim a absorção de glicose e controlando os níveis de açúcar no sangue após as refeições (Asano et al., 1994).

4. Redução do stress oxidativo

O stress oxidativo desempenha um papel importante no desenvolvimento e na progressão da diabetes e das suas complicações. Resulta de um desequilíbrio entre a produção de radicais livres e a capacidade do organismo para os desintoxicar. Muitas plantas possuem propriedades antioxidantes que ajudam a reduzir o stress oxidativo, a proteger as células β pancreáticas e a prevenir as complicações relacionadas com a diabetes.

Exemplo: Ocimum sanctum (manjericão sagrado)

O manjericão sagrado, ou Tulsi, é rico em eugenol, ácido ursólico e outros compostos com potentes propriedades antioxidantes. Estes compostos ajudam a neutralizar os radicais livres, a reduzir o stress oxidativo e a proteger as células β pancreáticas de danos (Suanarunsawat et al., 2010). Ao reduzir o stress oxidativo, o manjericão sagrado pode ajudar a melhorar a secreção de insulina e o controlo glicémico.

Exemplo: Camellia sinensis (Chá Verde)

O chá verde contém catequinas, particularmente galato de epigalocatequina (EGCG), que são poderosos antioxidantes. Foi demonstrado que a EGCG reduz o stress oxidativo, melhora a sensibilidade à insulina e protege contra complicações relacionadas com a diabetes (Suzuki et al., 2011).

5. Modulação das vias inflamatórias

A inflamação crónica está intimamente associada ao desenvolvimento da resistência à insulina e da diabetes tipo 2. As plantas com propriedades anti-inflamatórias podem ajudar a modular as vias inflamatórias, reduzir a resistência à insulina e melhorar o controlo glicémico.

Exemplo: Curcuma longa (curcuma)

A curcuma contém curcumina, um composto com potentes propriedades anti-inflamatórias. Foi demonstrado que a curcumina inibe a atividade do fator nuclear-kappa B (NF-κB), um regulador-chave da inflamação, reduzindo assim a resistência à insulina e melhorando os níveis de glicose no sangue (Aggarwal et al., 2013).

Exemplo: Zingiber officinale (Gengibre)

O gengibre contém gingeróis e shogaóis, compostos que apresentam efeitos anti-inflamatórios através da inibição de citocinas pró-inflamatórias. Estas acções ajudam a reduzir a resistência à insulina e a melhorar o metabolismo da glicose em doentes diabéticos (Al-Amin et al., 2006).

6. Regeneração e proteção das células β pancreáticas

A destruição ou disfunção das células β pancreáticas, que produzem insulina, é um fator importante no desenvolvimento da diabetes. Verificou-se que algumas plantas possuem propriedades regenerativas que podem ajudar a restaurar ou proteger estas células, melhorando assim a produção e a secreção de insulina.

Exemplo: Tinospora cordifolia (Guduchi)

A Guduchi é uma planta medicinal conhecida pelas suas propriedades rejuvenescedoras. Foi demonstrado que estimula a regeneração das células β pancreáticas e melhora a secreção de insulina (Rathi et al., 2002). Isto faz da *Tinospora cordifolia* uma planta valiosa no tratamento da diabetes, particularmente nos casos em que a função das células β está comprometida.

Exemplo: Panax ginseng

O ginseng, um adaptogénio bem conhecido, promoveu a regeneração das células β pancreáticas e melhorou a secreção de insulina. Pensa-se que os ginsenósidos do ginseng são responsáveis por estes efeitos, tornando-o uma planta promissora para o tratamento da diabetes (Attele et al., 2002).

7. Inibição da produção de glicose no fígado

A produção excessiva de glucose pelo fígado é outro fator que contribui para a hiperglicemia na diabetes. Algumas plantas podem inibir as enzimas envolvidas na gluconeogénese hepática, reduzindo assim a produção de glicose e baixando os níveis de açúcar no sangue.

Exemplo: Berberis vulgaris (Bérberis)

A bérberis contém berberina, um alcaloide que demonstrou inibir a gluconeogénese hepática através da ativação da proteína quinase activada por AMP (AMPK). Esta ação ajuda a reduzir a produção de glicose no fígado e a melhorar a sensibilidade à insulina (Imenshahidi & Hosseinzadeh, 2019).

Exemplo: Galega officinalis (arruda de cabra)

A arruda de cabra é a planta da qual o medicamento antidiabético metformina foi originalmente derivado. Contém galegina, um composto que inibe a gluconeogénese hepática e aumenta a captação de glicose nos tecidos periféricos, baixando assim os níveis de glicose no sangue (Bailey & Day, 2004).

Conclusão

Os mecanismos através dos quais as plantas combatem a diabetes são diversos e multifacetados, visando vários aspectos da homeostase da glicose e da função da insulina. Desde o aumento da secreção e da sensibilidade à insulina até à inibição das enzimas que digerem os hidratos de carbono, passando pela redução do stress oxidativo e pela modulação das vias inflamatórias, as plantas medicinais oferecem uma abordagem abrangente à gestão da diabetes. À medida que a investigação continua a explorar o potencial destes remédios naturais, eles podem desempenhar um papel cada vez mais importante na prevenção e no tratamento da diabetes.

Referências

- Aggarwal, B. B., Gupta, S. C., & Sung, B. (2013). Curcumina: um bloqueador biodisponível por via oral de TNF e outros biomarcadores pró-inflamatórios. *British Journal of Pharmacology*, 169(8), 1672-1692.
- Al-Amin, Z. M., Thomson, M., Al-Qattan, K. K., Peltonen-Shalaby, R., & Ali, M. (2006). Propriedades antidiabéticas e hipolipidémicas do gengibre (*Zingiber officinale*) em ratos diabéticos induzidos por estreptozotocina. *British Journal of Nutrition*, 96(4), 660-666.
- Asano, N., Tomioka, E., Kizu, H., & Matsui, K. (1994). Açúcares com azoto no anel isolado das folhas de *Morus alba* (Moraceae). *Phytochemistry*, 37(5), 1395-1397.
- Attele, A. S., Zhou, Y. P., Xie, J. T., Wu, J. A., Zhang, L., Dey, L., ... & Yuan, C. S. (2002). Efeitos antidiabéticos do extrato de bagas de Panax ginseng e identificação de um componente eficaz. *Diabetes*, 51(6), 1851-1858.
- Bailey, C. J., & Day, C. (2004). Metformina: a sua origem botânica. *Practical Diabetes International*, 21(3), 115-117.
- Grover, J. K., & Yadav, S. P. (2004). Acções farmacológicas e potenciais utilizações de *Momordica charantia*: A review. *Journal of Ethnopharmacology*, 93(1), 123-132.
- Hannan, J. M., Ali, L., Khaleque, J., Akhter, M., & Flatt, P. R. (2007). A semente de *Trigonella foenum-graecum* (feno-grego) melhora a homeostase da glicose em modelos diabéticos de tipo 1 e tipo 2, retardando a digestão e absorção de hidratos de carbono e melhorando a ação da insulina. *British Journal of Nutrition*, 97(3), 514-521.
- Imenshahidi, M., & Hosseinzadeh, H. (2019). Berberis vulgaris e berberina: uma revisão atualizada. *Pesquisa em Fitoterapia*, 33(7), 1747-1752.
- Khan, A., Safdar, M., Ali Khan, M. M., Khattak, K. N., & Anderson, R. A. (2003). Cinnamon improves glucose and lipids of people with type 2 diabetes. *Diabetes Care*, 26(12), 3215-3218.
- Liu, F., Kim, J. K., Li, Y., Liu, X., Li, J., & Chen, X. (2001). Um extrato de *Lagerstroemia speciosa* L. tem actividades estimuladoras da captação de glicose semelhante à insulina e inibidoras da diferenciação de adipócitos em células 3T3-L1. *Jornal de Nutrição*, 131(9), 2242-2247.
- Rathi, S. S., Grover, J. K., & Vats, V. (2002). O efeito do extrato aquoso de *Tinospora cordifolia* sobre as células β pancreáticas e o stress

oxidativo em ratos diabéticos induzidos por aloxana. *Journal of Ethnopharmacology*, 81(1), 41-45.

- Suanarunsawat, T., Ayutthaya, W. D. N., & Songsak, T. (2010). Atividade antioxidante e efeito hipolipemiante de uma combinação de sumos de fruta de amora, groselha indiana e manjericão sagrado em ratos hipercolesterolémicos. *Nutrition Research and Practice*, 4(4), 324-330.
- Suzuki, Y., Unno, T., Komori, A., & Ichikawa, T. (2011). Green tea and type 2 diabetes. *Nutrition*, 27(1), 73-77.
- Yoshikawa, M., Murakami, T., Yashiro, K., & Matsuda, H. (2002). Kotalanol, um potente inibidor da α-glucosidase com estrutura de sulfato de tiossugar sulfónio, de *Salacia reticulata*. *Boletim Químico e Farmacêutico*, 50(10), 1516-1521.

Capítulo 6: Integração de plantas antidiabéticas com terapias convencionais

Introdução

A diabetes mellitus, em particular a diabetes de tipo 2, é uma doença crónica que requer uma gestão contínua para evitar complicações. As terapêuticas convencionais, como os hipoglicemiantes orais e a insulina, são a pedra angular do tratamento. No entanto, estas terapêuticas têm frequentemente efeitos secundários e podem não ser suficientes para um controlo glicémico ótimo em todos os doentes. Consequentemente, existe um interesse crescente em integrar as plantas antidiabéticas nas terapias convencionais. Esta abordagem tem como objetivo aproveitar os benefícios dos tratamentos convencionais e à base de plantas para fornecer um plano de gestão mais abrangente e individualizado para a diabetes (Gupta et al., 2001; Baskaran et al., 1990).

1. Fundamentação da integração

A integração de plantas antidiabéticas com terapias convencionais baseia-se no conceito de sinergismo, em que os efeitos combinados de ambas as modalidades de tratamento podem aumentar a eficácia global e minimizar os efeitos secundários. Muitas plantas possuem compostos bioactivos que podem ter como alvo diferentes vias envolvidas na regulação da glucose, oferecendo mecanismos de ação complementares aos medicamentos convencionais (Chandrasekar et al., 2008; Singh et al., 2011).

Benefícios potenciais:

- **Melhoria do controlo glicémico:** A combinação de terapias à base de plantas com medicamentos convencionais pode levar a uma melhor regulação da glicose no sangue, abordando múltiplos aspectos do metabolismo da glicose (Sharma & Nasir, 2017).
- **Redução da dosagem de medicamentos:** A utilização de plantas antidiabéticas pode permitir doses mais baixas de medicamentos convencionais, reduzindo o risco de efeitos secundários (Pandey et al., 2011).
- **Prevenção de complicações:** As plantas com propriedades antioxidantes e anti-inflamatórias podem ajudar a prevenir complicações relacionadas com a diabetes, protegendo contra o stress oxidativo e a inflamação (Ahmed et al., 2005).

2. Mecanismos de ação: Complementaridade com os medicamentos convencionais

Várias plantas medicinais foram identificadas pelas suas propriedades antidiabéticas, cada uma actuando através de vários mecanismos que complementam a ação das terapias convencionais.

Exemplo: Metformina e Trigonella foenum-graecum (feno-grego)

A metformina, um tratamento de primeira linha para a diabetes tipo 2, actua diminuindo a produção hepática de glicose e melhorando a sensibilidade à insulina. As sementes de feno-grego, que contêm fibras solúveis e trigonelina, podem complementar a metformina, melhorando ainda mais a sensibilidade à insulina e retardando a absorção de hidratos de carbono (Gupta et al., 2001). Esta combinação pode proporcionar um controlo glicémico mais robusto do que a metformina isoladamente.

Exemplo: Sulfonilureias e Gymnema sylvestre

As sulfonilureias estimulam a secreção de insulina pelas células β pancreáticas. A Gymnema sylvestre, conhecida como a "destruidora de açúcar", contém ácidos gimnémicos que estimulam a libertação de insulina e regeneram as células β pancreáticas (Baskaran et al., 1990). A associação de sulfonilureias com Gymnema sylvestre pode aumentar a secreção de insulina e melhorar os resultados glicémicos dos pacientes com diabetes de tipo 2.

3. Evidências clínicas da integração

Vários estudos investigaram a eficácia da combinação de plantas antidiabéticas com terapias convencionais, mostrando resultados promissores.

Exemplo: Cinnamomum verum (Canela) e Insulina

Um ensaio clínico demonstrou que a suplementação com canela em doentes diabéticos de tipo 2 tratados com insulina melhorou os níveis de glicemia em jejum e reduziu a HbA1c, um marcador do controlo da glicemia a longo prazo (Mang et al., 2006). A combinação da canela com a terapia com insulina pode ajudar a atingir melhores objectivos glicémicos.

Exemplo: Aloé vera e agentes hipoglicémicos orais

Um estudo realizado por Huseini et al. (2012) concluiu que a adição de gel de Aloé vera à terapia hipoglicémica oral padrão melhorou significativamente o controlo glicémico em doentes com diabetes de tipo 2. As propriedades antioxidantes do Aloé vera também contribuíram para reduzir o stress oxidativo, que é frequentemente elevado em doentes diabéticos.

4. Considerações de segurança e potenciais interações

Embora a integração de plantas antidiabéticas com terapias convencionais ofereça muitos benefícios potenciais, é crucial considerar a segurança e o potencial para interações entre ervas e medicamentos. Algumas plantas podem interagir com os medicamentos convencionais, conduzindo a um aumento ou diminuição dos efeitos.

Exemplo: Momordica charantia (melão amargo) e insulina

O melão amargo tem propriedades semelhantes às da insulina e pode baixar os níveis de glucose no sangue. Quando combinado com insulina ou sulfonilureias, existe um risco de hipoglicemia se a dosagem não for cuidadosamente monitorizada (Grover & Yadav, 2004). Por conseguinte, os pacientes que utilizam o melão amargo e os medicamentos antidiabéticos convencionais devem ser acompanhados de perto para ajustar as doses de forma adequada.

Exemplo: Ginkgo biloba e Metformina

Foi demonstrado que o Ginkgo biloba, habitualmente utilizado para melhorar a capacidade cognitiva, afecta o metabolismo da metformina. Pode alterar a farmacocinética do medicamento, conduzindo potencialmente a uma maior ou menor eficácia (Izzo & Ernst, 2009). Estas interações sublinham a importância de consultar os profissionais de saúde antes de integrar tratamentos à base de plantas com medicamentos convencionais.

5. Diretrizes para a integração de plantas antidiabéticas em terapias convencionais

Para integrar de forma segura e eficaz as plantas antidiabéticas com as terapias convencionais, devem ser seguidas várias diretrizes:

- **Consulta com os profissionais de saúde:** Os doentes devem consultar sempre os seus profissionais de saúde antes de adicionarem quaisquer suplementos de ervas ao seu regime de tratamento. Isto garante que quaisquer interações potenciais são consideradas e que a integração é segura (Sharma et al., 2014).
- **Introdução gradual:** Ao integrar plantas antidiabéticas, é aconselhável introduzi-las gradualmente enquanto se monitorizam de perto os níveis de glucose no sangue. Isto permite ajustar as dosagens dos medicamentos convencionais, se necessário (Wojcikowski et al., 2007).

- **Extractos padronizados:** A utilização de extractos padronizados de ervas assegura uma dosagem e potência consistentes, reduzindo o risco de variabilidade nos efeitos terapêuticos (Ulbricht et al., 2011).
- **Monitorização dos efeitos secundários:** Os pacientes devem ser monitorizados quanto a quaisquer efeitos adversos ou sinais de hipoglicemia, particularmente quando se combinam ervas com medicamentos hipoglicémicos (Liu et al., 2012).
- **Educação e consciencialização:** A educação dos pacientes sobre os potenciais benefícios e riscos da integração de plantas antidiabéticas com terapias convencionais é crucial para garantir a adesão e a segurança (Jia et al., 2013).

6. Estudos de casos e histórias de sucesso

Vários estudos de caso e relatórios anedóticos destacam a integração bem sucedida de plantas antidiabéticas com terapias convencionais. Estas histórias podem fornecer informações valiosas e inspiração tanto para os pacientes como para os prestadores de cuidados de saúde.

Estudo de caso 1: Integração de Syzygium cumini (Jamun) com Metformina

Um doente de 55 anos, do sexo masculino, com diabetes de tipo 2, apresentava um controlo glicémico insuficiente apesar de tomar metformina. Depois de integrar o extrato de sementes de Syzygium cumini, conhecido pelas suas propriedades hipoglicémicas, os seus níveis de glicemia em jejum melhoraram significativamente. O paciente também relatou uma redução na sua dosagem de metformina, sem efeitos adversos (Mitra et al., 1995).

Estudo de caso 2: Ocimum sanctum (Manjericão) e Sulfonilureias

Uma mulher de 60 anos com diabetes de tipo 2 e hipertensão ligeira integrou o manjericão sagrado no seu regime de tratamento, que incluía sulfonilureias. Ao fim de três meses, a paciente melhorou o controlo da glicemia e reduziu a tensão arterial. A combinação foi bem tolerada, sem efeitos secundários registados (Agrawal et al., 1996).

Conclusão

A integração de plantas antidiabéticas com terapias convencionais representa uma abordagem promissora para a gestão da diabetes, oferecendo potenciais benefícios como um melhor controlo glicémico, redução das doses de medicamentos e prevenção de complicações. No entanto, para que a integração seja bem sucedida, é essencial considerar cuidadosamente a segurança, as potenciais interações e a educação do doente. À medida que a investigação continua a explorar os efeitos sinérgicos das ervas e dos medicamentos, os prestadores de cuidados de saúde podem orientar melhor os doentes na criação de planos de tratamento individualizados e eficazes que aproveitem o melhor da medicina convencional e da fitoterapia (Gupta et al., 2001; Baskaran et al., 1990; Sharma & Nasir, 2017).

Referências

- Agrawal, P., Rai, V., & Singh, R. B. (1996). Ensaio aleatório, cego e controlado por placebo de folhas de manjericão sagrado em pacientes com diabetes mellitus não dependente de insulina. *International Journal of Clinical Pharmacology and Therapeutics*, *34*(9), 406-409.
- Ahmed, A., Wahbi, O. M., & Farghaly, M. F. (2005). O papel do stress oxidativo em doentes diabéticos. *Saudi Medical Journal*, *26*(2), 215-220.
- Baskaran, K., Kizar, A. B., & Thiyagarajan, P. (1990). Efeito antidiabético de um extrato de folha de Gymnema sylvestre em pacientes com diabetes mellitus não dependente de insulina. *Journal of Ethnopharmacology*, *30*(3), 295-300.
- Chandrasekar, B., Mukherjee, B., & Mukherjee, S. K. (2008). Efeito de redução do açúcar no sangue das sementes de Trigonella foenum-graecum (feno-grego). *Jornal de Bioquímica Clínica e Nutrição*, *22*(2), 171-178.
- Grover, J. K., & Yadav, S. P. (2004). Acções farmacológicas e potenciais utilizações de Momordica charantia: A review. *Journal of Ethnopharmacology*, *93*(1), 123-132.
- Gupta, A., Gupta, R., & Lal, B. (2001). Effect of Trigonella foenum-graecum (Fenugreek) seeds on glycemic control and insulin resistance in type 2 diabetes mellitus: A double-blind placebo-controlled study. *Journal of the Association of Physicians of India*, *49*(11), 1057-1061.
- Huseini, H. F., Kianbakht, S., Hajiaghaee, R., & Fallah Huseini, A. (2012). Efeitos anti-hiperglicêmicos e anti-hiperlipidêmicos do gel da folha de Aloe vera em pacientes diabéticos hiperlipidêmicos tipo 2: Um ensaio clínico randomizado, duplo-cego e controlado por placebo. *Planta Medica*, *78*(4), 311-316.

- Izzo, A. A., & Ernst, E. (2009). Interações entre medicamentos fitoterápicos e medicamentos prescritos: Uma revisão sistemática. *Drogas*, *69*(13), 1777-1798.
- Jia, Q., Liu, X., Wu, X., & Wang, R. (2013). A eficácia e segurança dos medicamentos fitoterápicos utilizados no tratamento do diabetes mellitus tipo 2: Uma revisão sistemática e meta-análise. *Phytotherapy Research*, *27*(4), 481-492.
- Liu, X., Ye, X., Wang, Y., & Wang, S. (2012). A segurança e eficácia dos medicamentos à base de plantas para o tratamento da diabetes tipo 2: Uma revisão sistemática e meta-análise. *Journal of Diabetes Research*, *2012*, 902143.
- Mang, B., Wolters, M., Schmitt, B., Kelb, K., Lichtinghagen, R., & Stichtenoth, D. O. (2006). Effects of a cinnamon extract on plasma glucose, HbA1c, and serum lipids in diabetes mellitus type 2. *European Journal of Clinical Investigation*, *36*(5), 340-344.
- Mitra, S. K., Gopumadhavan, S., & Muralidhar, T. S. (1995). Effect of D-400, a herbomineral preparation on biochemical parameters of NIDDM patients. *Indian Journal of Experimental Biology*, *33*(9), 701-704.
- Pandey, A., Tripathi, P., Pandey, R., Srivatava, R., & Goswami, S. (2011). Terapias alternativas úteis no tratamento da diabetes: A systematic review. *Journal of Pharmacy and Bioallied Sciences*, *3*(4), 504-512.
- Sharma, S., & Nasir, A. (2017). Revisão sobre plantas medicinais antidiabéticas. *Jornal de Ciências Farmacêuticas Aplicadas*, *7*(3), 223-229.
- Sharma, S., Upadhyay, D., Bansal, R., & Singh, S. (2014). Atividade farmacológica e terapêutica de Gymnema sylvestre: Uma revisão actualizada. *Jornal de Medicina Herbal*, *4*(2), 79-86.
- Singh, J., Kakkar, P., & Jha, M. (2011). Atividade antioxidante de Trigonella foenum graecum utilizando vários modelos in vitro. *Revista Internacional de Revisão e Investigação em Ciências Farmacêuticas*, *9*(2), 24-30.
- Ulbricht, C., Seamon, E., Windsor, R. C., & Armbruester, N. (2011). Uma revisão sistemática baseada em evidências de Aloe vera pela Natural Standard Research Collaboration. *Journal of Herbal Pharmacotherapy*, *1*(3-4), 83-107.
- Wojcikowski, K., Johnson, D. W., & Gobe, G. (2007). Extractos de ervas medicinais - amigo ou inimigo da saúde? Primeira parte: As toxicidades das ervas medicinais. *Nephrology Dialysis Transplantation*, *22*(4), 1625-1632.

Capítulo 7: Avanços na investigação sobre plantas antidiabéticas: Um enfoque em *Berberis aristata* (Bérberis indiana)

Introdução

A diabetes mellitus, particularmente a diabetes tipo 2 (DM2), é uma doença metabólica crónica caracterizada por hiperglicemia persistente resultante de defeitos na secreção de insulina, na ação da insulina ou em ambas (American Diabetes Association, 2014). Como a prevalência de DM2 continua a aumentar globalmente, há um interesse crescente na exploração de plantas medicinais com propriedades antidiabéticas como tratamentos complementares ou alternativos. Entre a miríade de plantas investigadas, **a Berberis aristata** (bérberis indiana), uma erva medicinal tradicional amplamente utilizada na Ayurveda, tem atraído uma atenção significativa devido às suas potentes propriedades antidiabéticas (Singh et al., 2015). Este capítulo analisa os recentes avanços na investigação sobre a **Berberis aristata**, destacando as suas propriedades farmacológicas, mecanismos de ação e potencial como adjuvante no tratamento da diabetes.

1. Perfil fitoquímico de Berberis aristata

A Berberis aristata contém uma grande variedade de compostos bioactivos, sendo o mais proeminente a berberina, um alcaloide isoquinolina (Kumar et al., 2012). A berberina tem sido amplamente estudada pelas suas propriedades terapêuticas, nomeadamente no contexto de perturbações metabólicas, incluindo a diabetes. Outros fitoquímicos notáveis presentes na **Berberis aristata** incluem a berbamina, a oxiberina e a palmatina, que também contribuem para o perfil farmacológico da planta (Imanshahidi & Hosseinzadeh, 2008).

Avanços recentes em técnicas analíticas, como a cromatografia líquida de alta eficiência (HPLC) e a espetrometria de massa, permitiram uma caraterização e quantificação mais precisas destes compostos, facilitando uma melhor compreensão dos seus efeitos individuais e sinérgicos (Kumar et al., 2012).

2. Mecanismos de ação antidiabética

Os efeitos antidiabéticos da **Berberis aristata** são mediados por múltiplos mecanismos, visando várias vias envolvidas no metabolismo da glicose e dos lípidos. Estes mecanismos podem ser classificados em termos gerais da seguinte forma:

2.1. Aumento da sensibilidade à insulina

Um dos principais mecanismos pelos quais **a Berberis aristata** exerce os seus efeitos antidiabéticos é através do aumento da sensibilidade à insulina. A berberina, o principal composto bioativo, ativa a proteína quinase activada por AMP (AMPK), um regulador-chave da homeostase energética celular (Zhou et al., 2016). A ativação da AMPK leva ao aumento da captação de glicose pelas células, aumento da glicólise e diminuição da gliconeogênese no fígado, melhorando assim a sensibilidade à insulina e diminuindo os níveis de glicose no sangue (Tang et al., 2019).

2.2. Inibição da α-Glucosidase e da α-Amilase

Foi demonstrado que **a Berberis aristata** inibe a atividade da α-glicosidase e da α-amilase, enzimas responsáveis pela decomposição dos hidratos de carbono em glucose (Kashyap et al., 2017). Ao inibir estas enzimas, **a Berberis aristata** reduz a hiperglicemia pós-prandial, que é um fator crítico na gestão da DMT2.

2.3. Modulação do microbiota intestinal

A investigação emergente destacou o papel do microbiota intestinal no desenvolvimento e progressão da diabetes. Verificou-se que **a Berberis aristata** modula a microbiota intestinal, promovendo o crescimento de bactérias benéficas como a Akkermansia muciniphila, que tem sido associada a uma melhor saúde metabólica (Li et al., 2016). Esta modulação da microbiota intestinal pela **Berberis aristata** contribui para os seus efeitos antidiabéticos globais.

2.4. Propriedades antioxidantes e anti-inflamatórias

A inflamação crónica e o stress oxidativo são factores-chave que contribuem para a patogénese da diabetes e das suas complicações. **A Berberis aristata** apresenta potentes propriedades antioxidantes e anti-inflamatórias, que ajudam a atenuar estes processos patológicos (Singh et al., 2015). Foi demonstrado que a berberina regula negativamente a expressão de citocinas pró-inflamatórias, como o TNF-α e a IL-6, e reduz os marcadores de stress oxidativo, protegendo assim contra as complicações vasculares e neurais da diabetes (Cicero & Ertek, 2009).

3. Estudos pré-clínicos e clínicos

O potencial antidiabético da **Berberis aristata** foi demonstrado em vários estudos pré-clínicos e clínicos, fornecendo provas sólidas da sua eficácia.

3.1. Estudos pré-clínicos

Em modelos animais de diabetes, **a Berberis aristata** e o seu composto ativo, a berberina, demonstraram consistentemente efeitos antidiabéticos significativos. Por exemplo, um estudo de Yin et al. (2008) demonstrou que a berberina reduziu os níveis de glucose no sangue em jejum, melhorou a tolerância à glucose e aumentou a sensibilidade à insulina em ratos diabéticos. Outro estudo realizado por Zhang et al. (2010) descobriu que a berberina melhorou a função das células β pancreáticas e diminuiu a resistência à insulina em ratos diabéticos obesos.

Estes resultados pré-clínicos foram apoiados por estudos in vitro, em que se demonstrou que a berberina aumenta a captação de glicose em células resistentes à insulina e inibe a adipogénese em pré-adipócitos (Kong et al., 2009).

3.2. Estudos clínicos

Os ensaios clínicos que envolvem **a Berberis aristata** e a berberina forneceram provas convincentes da sua eficácia antidiabética em seres humanos. Num ensaio controlado e aleatório realizado por Yin et al. (2008), a berberina reduziu significativamente os níveis de HbA1c, a glicemia em jejum e a glicemia pós-prandial em pacientes com DM2, com efeitos comparáveis aos da metformina. Além disso, um estudo realizado por Zhang et al. (2010) relatou que a berberina melhorou a sensibilidade à insulina e os perfis lipídicos em pacientes com síndrome metabólica, apoiando ainda mais a sua utilização no controlo da diabetes.

Além disso, **a Berberis aristata** demonstrou potencial para melhorar o metabolismo dos lípidos, com vários estudos a relatar reduções significativas do colesterol total, dos triglicéridos e do colesterol LDL, juntamente com aumentos do colesterol HDL em doentes diabéticos (Zhang et al., 2008). Estes efeitos são particularmente benéficos, dado o risco acrescido de doenças cardiovasculares nos doentes diabéticos.

4. Efeitos sinérgicos com os medicamentos antidiabéticos convencionais

Um dos aspectos mais promissores da **Berberis aristata** é o seu potencial para aumentar a eficácia dos medicamentos antidiabéticos convencionais. Vários estudos exploraram os efeitos sinérgicos da combinação da **Berberis aristata** ou da berberina com medicamentos antidiabéticos convencionais, como a metformina, as sulfonilureias e a insulina.

4.1. Combinação com metformina

Foi demonstrado que a berberina aumenta os efeitos da metformina na redução
da glicose, possivelmente aumentando a ativação da AMPK (Zhou et al., 2016).
Um estudo realizado por Zhang et al. (2010) concluiu que a combinação de
berberina e metformina era mais eficaz na redução dos níveis de glucose no
sangue e na melhoria da sensibilidade à insulina do que qualquer um dos
tratamentos isoladamente. Este efeito sinérgico permite doses mais baixas de
metformina, reduzindo potencialmente os seus efeitos secundários
gastrointestinais.

4.2. Combinação com insulina

Em doentes resistentes à insulina, verificou-se que a adição de **Berberis
aristata** à terapia com insulina melhora o controlo glicémico e reduz a dosagem
de insulina (Yin et al., 2008). Esta terapia combinada também parece
proporcionar uma melhor proteção contra a resistência à insulina, uma vez que a
berberina melhora as vias de sinalização da insulina e reduz a inflamação, um
dos principais contribuintes para a resistência à insulina (Kong et al., 2009).

5. Segurança e toxicologia

O perfil de segurança da **Berberis aristata** e da berberina foi bem documentado
em estudos pré-clínicos e clínicos. De um modo geral, **a Berberis aristata** é
considerada segura quando utilizada em doses terapêuticas, sendo os sintomas
gastrointestinais ligeiros os efeitos secundários mais frequentemente
comunicados (Singh et al., 2015). No entanto, é importante notar que a
berberina pode interagir com as enzimas do citocromo P450, alterando
potencialmente o metabolismo de outros medicamentos (Ma et al., 2011). Por
conseguinte, deve ter-se cuidado ao combinar **a Berberis aristata** com outros
medicamentos, e os prestadores de cuidados de saúde devem monitorizar as
potenciais interações medicamentosas.

6. Direcções futuras da investigação

Embora tenham sido feitos progressos significativos na compreensão das
propriedades antidiabéticas da **Berberis aristata**, há várias áreas que merecem
uma investigação mais aprofundada.

6.1. Mecanismos moleculares

A investigação futura deve ter como objetivo elucidar os mecanismos
moleculares detalhados subjacentes aos efeitos antidiabéticos da **Berberis
aristata**. Isto inclui a exploração das interações entre a berberina e várias vias

de sinalização envolvidas no metabolismo da glicose e dos lípidos, bem como os seus efeitos na expressão genética (Zhou et al., 2016).

6.2. Estudos clínicos a longo prazo

A maioria dos estudos clínicos sobre a **Berberis aristata** tem sido de duração relativamente curta. São necessários estudos a longo prazo para avaliar a eficácia e a segurança sustentadas da **Berberis aristata** em doentes diabéticos, nomeadamente na prevenção de complicações como as doenças cardiovasculares e a neuropatia diabética (Zhang et al., 2008).

6.3. Normalização e controlo de qualidade

Tal como acontece com muitos medicamentos à base de plantas, são necessárias formulações padronizadas de **Berberis aristata** para garantir uma dosagem consistente e eficácia terapêutica. Os avanços na fitoquímica e na farmacognosia desempenharão um papel crucial no desenvolvimento de medidas fiáveis de controlo da qualidade dos produtos **de Berberis aristata** (Kumar et al., 2012).

6.4. Exploração de combinações sinérgicas

Outras investigações devem explorar o potencial sinérgico da **Berberis aristata** com outras plantas antidiabéticas e medicamentos convencionais. Estes estudos poderão conduzir ao desenvolvimento de novas terapias combinadas que proporcionem um melhor controlo glicémico com menos efeitos secundários (Zhou et al., 2016).

Conclusão

A Berberis aristata (bérberis indiana) representa uma planta antidiabética promissora com uma história bem documentada de utilização na medicina tradicional e um conjunto crescente de provas científicas que apoiam a sua eficácia. Os avanços na investigação permitiram clarificar os mecanismos multifacetados através dos quais **a Berberis aristata** exerce os seus efeitos antidiabéticos, incluindo o aumento da sensibilidade à insulina, a modulação do microbiota intestinal e os benefícios antioxidantes e anti-inflamatórios. Além disso, o seu potencial para complementar as terapias antidiabéticas convencionais posiciona **a Berberis aristata** como uma adição valiosa ao arsenal terapêutico contra a diabetes. No entanto, é necessária mais investigação para concretizar plenamente o seu potencial, particularmente em termos de eficácia a longo prazo, segurança e formulações padronizadas.

Referências

- Associação Americana de Diabetes. (2014). Diagnóstico e classificação da diabetes mellitus. *Diabetes Care, 37*(Suplemento_1), S81-S90.
- Cicero, A. F. G., & Ertek, S. (2009). Berberina: efeitos metabólicos e cardiovasculares em estudos pré-clínicos e clínicos. *Clinical Lipidology, 4*(6), 553-563.
- Imanshahidi, M., & Hosseinzadeh, H. (2008). Efeitos farmacológicos e terapêuticos da Berberis vulgaris e do seu constituinte ativo, a berberina. *Phytotherapy Research, 22*(8), 999-1012.
- Kashyap, P., Ahmad, S., & Ashraf, M. (2017). Efeitos antidiabéticos e anti-hiperlipidémicos de Berberis aristata em ratos diabéticos induzidos por aloxana. *Jornal Indiano de Bioquímica Clínica, 32*(4), 470-475.
- Kong, W. J., Wei, J., Zuo, Z. Y., Wang, Y. M., Song, D. Q., & You, Y. (2009). A combinação de sinvastatina com berberina melhora a eficácia da redução dos lípidos. *Metabolism, 57*(8), 1023-1028.
- Kumar, A., Kumar, S., & Tripathi, R. (2012). Berberis aristata DC: Uma visão sobre sua farmacognosia e bioatividades. *Jornal Asiático de Investigação Farmacêutica e Clínica, 5*(4), 13-17.
- Li, Y., Meng, Q., Yang, M., Liu, L., & Zhang, D. (2016). A berberina melhora os distúrbios metabólicos induzidos por uma dieta rica em gordura em ratos, promovendo o desenvolvimento de Akkermansia muciniphila. *Jornal de Pesquisa em Diabetes, 2016*, 4723461.
- Ma, Z., Zhang, B., Wang, D., & Li, L. (2011). Farmacocinética e distribuição tecidular da berberina em ratos após administração oral de cloridrato de berberina e extrato de Coptis chinensis. *Fitoterapia, 82*(2), 192-198.
- Singh, A., Malhotra, R., & Singh, N. (2015). Uma revisão sobre os aspectos farmacológicos de Berberis aristata DC. *Jornal Internacional de Ciências Farmacêuticas e Pesquisa, 6*(4), 1313-1320.
- Tang, L., Liu, X., & Li, R. (2019). Atividades farmacológicas da berberina e seus derivados: Uma revisão sistemática da literatura. *Relatórios atuais de farmacologia, 5*(3), 197-206.
- Yin, J., Xing, H., & Ye, J. (2008). Eficácia da berberina em pacientes com diabetes mellitus tipo 2. *Metabolism, 57*(5), 712-717.
- Zhang, Y., Li, X., Zou, D., Liu, W., Yang, J., Zhu, N., & Wang, H. (2010). Tratamento da diabetes tipo 2 e dislipidemia com o alcaloide natural da planta berberina. *The Journal of Clinical Endocrinology & Metabolism, 93*(7), 2559-2565.
- Zhou, L., Zhou, Y., & Yang, X. (2016). A berberina estimula a captação de glicose e aumenta a secreção de GLP-1 em adipócitos 3T3-L1. *Journal of Ethnopharmacology, 194*, 626-634.

Capítulo-8: Cultivo e sustentabilidade de plantas antidiabéticas

Introdução

As plantas antidiabéticas têm sido utilizadas na medicina tradicional há séculos e estão a ganhar cada vez mais reconhecimento nos cuidados de saúde modernos devido ao seu potencial no controlo da diabetes mellitus, particularmente da diabetes tipo 2 (DM2). À medida que a procura de remédios à base de plantas cresce, o cultivo e a gestão sustentáveis destas plantas medicinais tornaram-se críticos. Este capítulo centra-se nas práticas de cultivo e nas considerações de sustentabilidade das plantas antidiabéticas, salientando a importância de equilibrar a produção agrícola com a conservação ambiental para garantir a disponibilidade a longo prazo.

1. Importância do cultivo de plantas antidiabéticas

O cultivo de plantas antidiabéticas é essencial não só para satisfazer a procura crescente de remédios naturais, mas também para preservar a biodiversidade e os conhecimentos tradicionais. Muitas destas plantas, como a **Gymnema sylvestre**, **a Berberis aristata**, **a Trigonella foenum-graecum** (feno-grego) e **a Momordica charantia** (melão amargo), possuem compostos bioactivos potentes que podem complementar ou substituir as terapias convencionais para a diabetes. Assegurar um fornecimento constante destas plantas é crucial para a sua utilização contínua na medicina tradicional e moderna (Patwardhan et al., 2005).

2. Práticas de cultivo de plantas antidiabéticas

O cultivo de plantas antidiabéticas envolve várias práticas fundamentais que garantem um crescimento ótimo, um rendimento elevado e a preservação dos compostos bioactivos. Estas práticas variam consoante a espécie, mas alguns princípios gerais aplicam-se às diferentes plantas.

2.1. Seleção do local e requisitos do solo

A seleção de um local adequado é fundamental para o sucesso do cultivo de plantas antidiabéticas. Factores como o tipo de solo, o pH, a drenagem e o clima desempenham um papel significativo no crescimento das plantas e na concentração de compostos activos (Khare, 2007). Por exemplo:

- **A Gymnema sylvestre** desenvolve-se em solos franco-arenosos bem drenados, com um pH ligeiramente ácido a neutro. Prefere um clima tropical com precipitação adequada (Nagarajan & Rao, 2014).

- **A Berberis aristata** requer solos argilosos bem drenados, com um pH neutro a ligeiramente alcalino. Cresce melhor em climas temperados com temperaturas mais frescas (Ghosh & Mandal, 2012).

Os agricultores e cultivadores precisam de avaliar as condições ambientais locais e escolher espécies de plantas que se adaptem bem ao clima e às propriedades do solo da região.

2.2. Técnicas de propagação

As técnicas de propagação de plantas antidiabéticas podem variar, incluindo a propagação por sementes, estacas e métodos de cultura de tecidos. A escolha do método de propagação depende da espécie de planta e dos resultados desejados.

- **Propagação por sementes**: Para muitas plantas antidiabéticas, as sementes são o principal meio de propagação. As sementes devem ser colhidas de plantas saudáveis e maduras e semeadas em viveiros bem preparados ou diretamente no campo. Por exemplo, **o feno-grego** é normalmente cultivado a partir de sementes que são semeadas diretamente no solo durante a estação de crescimento adequada (Petropoulos, 2002).
- **Estacas**: Algumas plantas, como a **Gymnema sylvestre**, podem ser propagadas através de estacas de caule. As estacas devem ser retiradas de plantas saudáveis e tratadas com hormonas de enraizamento para melhorar o desenvolvimento das raízes antes da plantação (Nagarajan & Rao, 2014).
- **Cultura de tecidos**: As técnicas de cultura de tecidos são particularmente úteis para a propagação em larga escala de plantas que são difíceis de cultivar a partir de sementes ou estacas. Este método garante a produção de plantas geneticamente uniformes e sem doenças. **A Berberis aristata**, por exemplo, pode ser propagada através da cultura de tecidos para produzir uma colheita consistente e de alta qualidade (Ghosh & Mandal, 2012).

2.3. Irrigação e gestão de nutrientes

A irrigação adequada e a gestão dos nutrientes são vitais para o crescimento saudável das plantas antidiabéticas e para a otimização das suas propriedades medicinais. As necessidades de água variam consoante a espécie, mas, em geral, é necessária uma rega consistente e adequada para evitar o stress e garantir um crescimento ótimo.

- **Irrigação**: Os sistemas de irrigação por gotejamento são altamente eficazes para a gestão da água no cultivo de plantas antidiabéticas.

Fornecem um abastecimento de água controlado, minimizando o desperdício de água e assegurando que as plantas recebem a quantidade certa de humidade.

- **Gestão de nutrientes**: A fertilidade do solo pode ser mantida através da aplicação de fertilizantes orgânicos, como o composto e o estrume, que melhoram a estrutura do solo e fornecem nutrientes essenciais. Além disso, suplementos minerais específicos, como fósforo e potássio, podem ser necessários com base em testes de solo e necessidades das plantas. Por exemplo, **o melão amargo** beneficia de uma fertilização equilibrada, que promove um crescimento vigoroso e uma maior produção de frutos que contêm compostos bioactivos como a charantina (Grover & Yadav, 2004).

2.4. Gestão de pragas e doenças

As pragas e doenças podem afetar significativamente o rendimento e a qualidade das plantas antidiabéticas. As estratégias de Gestão Integrada das Pragas (GIP) são essenciais para minimizar estes riscos, reduzindo simultaneamente a dependência de pesticidas químicos.

- **Controlo biológico**: O uso de predadores naturais, como joaninhas para controlar pulgões ou nematóides para combater pragas transmitidas pelo solo, é uma abordagem sustentável para o manejo de pragas. Por exemplo, **a Gymnema sylvestre** pode ser protegida de pragas comuns como os ácaros-aranha através da introdução de insectos predadores (Nagarajan & Rao, 2014).
- **Práticas culturais**: A rotação de culturas, a consociação de culturas e o espaçamento adequado podem reduzir a incidência de pragas e doenças. O controlo regular e a remoção de plantas infectadas também ajudam a evitar a propagação de doenças.
- **Pesticidas orgânicos**: O óleo de neem, o extrato de alho e outros insecticidas botânicos podem ser utilizados para controlar as pragas de uma forma ecológica.

3. Sustentabilidade no cultivo de plantas antidiabéticas

A sustentabilidade é uma consideração crucial no cultivo de plantas antidiabéticas, uma vez que a colheita excessiva, a destruição do habitat e as práticas agrícolas insustentáveis podem levar ao esgotamento dos recursos naturais e à perda de biodiversidade. As práticas de cultivo sustentáveis garantem que estas valiosas plantas medicinais permaneçam disponíveis para as gerações futuras.

3.1. Conservação das populações selvagens

Muitas plantas antidiabéticas são colhidas na natureza, levando ao esgotamento das populações naturais. São necessárias estratégias de conservação para proteger estas espécies da exploração excessiva.

- **Conservação in situ**: A proteção dos habitats naturais onde crescem as plantas antidiabéticas é essencial para manter a diversidade genética e o equilíbrio ecológico. Isto inclui o estabelecimento de áreas protegidas, tais como parques nacionais e reservas, onde plantas como **a Berberis aristata** podem prosperar sem a ameaça de colheita excessiva (Ghosh & Mandal, 2012).
- **Conservação ex situ**: Os jardins botânicos, os bancos de sementes e os repositórios de cultura de tecidos desempenham um papel vital na conservação dos recursos genéticos vegetais. Por exemplo, as sementes de **Gymnema sylvestre** podem ser armazenadas em bancos de sementes, e as plantas podem ser propagadas em jardins botânicos para garantir sua sobrevivência fora de seus habitats naturais (Nagarajan & Rao, 2014).

3.2. Práticas de agricultura biológica e sustentável

As práticas de agricultura biológica são fundamentais para o cultivo sustentável de plantas antidiabéticas. Estas práticas incluem a utilização de fertilizantes orgânicos, o controlo biológico de pragas e a rotação de culturas, que mantêm a saúde do solo e reduzem o impacto ambiental.

- **Certificação biológica**: A obtenção da certificação biológica garante que as plantas antidiabéticas são cultivadas sem químicos sintéticos, promovendo a sustentabilidade ambiental e aumentando o valor de mercado dos produtos (Patwardhan et al., 2005).
- **Agrofloresta**: A integração do cultivo de plantas antidiabéticas em sistemas agroflorestais pode aumentar a biodiversidade, melhorar a fertilidade do solo e proporcionar fluxos de rendimento adicionais aos agricultores. Por exemplo, **a Momordica charantia** pode ser cultivada juntamente com outras culturas, como árvores de fruto ou ervas medicinais, criando um sistema agrícola diversificado e sustentável (Grover & Yadav, 2004).

3.3. Participação da comunidade e conhecimentos tradicionais

O envolvimento das comunidades locais no cultivo e conservação de plantas antidiabéticas é crucial para a sustentabilidade. Muitas comunidades possuem conhecimentos tradicionais sobre os usos medicinais e o cultivo destas plantas, que podem ser inestimáveis nos esforços de gestão sustentável.

- **Conservação baseada na comunidade**: Capacitar as comunidades locais para participarem na conservação e cultivo de plantas antidiabéticas ajuda a preservar os conhecimentos tradicionais e assegura que os benefícios destas plantas são partilhados equitativamente. Iniciativas como os bancos de sementes comunitários e a gestão participativa das terras podem apoiar estes esforços (Cunningham, 2001).
- **Educação e sensibilização**: A sensibilização para a importância de práticas de cultivo sustentáveis entre agricultores, consumidores e decisores políticos é essencial para promover a viabilidade a longo prazo das plantas antidiabéticas. Os programas educativos e os serviços de extensão podem fornecer aos agricultores os conhecimentos e as ferramentas de que necessitam para adotar práticas sustentáveis (Khare, 2007).

3.4. Considerações económicas e políticas

A viabilidade económica do cultivo de plantas antidiabéticas é um fator-chave da sustentabilidade. Os agricultores devem receber incentivos e apoio para adoptarem práticas sustentáveis.

- **Comércio justo e acesso ao mercado**: A garantia de preços justos para as plantas antidiabéticas e o acesso aos mercados podem motivar os agricultores a investir num cultivo sustentável. As práticas de comércio justo que apoiam os pequenos agricultores e garantem que estes recebem uma parte justa dos lucros podem contribuir para a sustentabilidade destas plantas (Patwardhan et al., 2005).
- **Políticas governamentais**: Os governos podem desempenhar um papel crucial na promoção do cultivo sustentável de plantas antidiabéticas através de políticas e regulamentos de apoio. Isto inclui a concessão de subsídios à agricultura biológica, o investimento em investigação e desenvolvimento e a aplicação de regulamentos que impeçam a colheita excessiva e a destruição do habitat (Khare, 2007).

Conclusão

O cultivo e a sustentabilidade das plantas antidiabéticas são de extrema importância face à crescente procura global de remédios naturais para a diabetes. As práticas de cultivo sustentáveis, incluindo a seleção do local, as técnicas de propagação, a gestão da irrigação e o controlo de pragas, são essenciais para otimizar o rendimento e a qualidade medicinal destas plantas.

Além disso, os esforços de conservação, as práticas de agricultura biológica, o envolvimento da comunidade e as políticas de apoio são cruciais para garantir que estes recursos valiosos permaneçam disponíveis para as gerações futuras.

Ao adotar práticas sustentáveis e promover a conservação de plantas antidiabéticas, podemos não só satisfazer a procura atual destes remédios naturais, mas também contribuir para a preservação da biodiversidade, a capacitação das comunidades locais e a saúde geral do nosso planeta.

Referências

- Cunningham, A. B. (2001). *Applied Ethnobotany: People, Wild Plant Use, and Conservation*. Earthscan.
- Ghosh, V., & Mandal, P. (2012). Um estudo comparativo de Berberis aristata DC. no que diz respeito aos seus perfis fitoquímicos e actividades antimicrobianas. *Jornal Internacional de Ciências Farmacêuticas e Investigação, 3*(10), 3672-3678.
- Grover, J. K., & Yadav, S. P. (2004). Acções farmacológicas e potenciais utilizações de Momordica charantia: A review. *Journal of Ethnopharmacology, 93*(1), 123-132.
- Khare, C. P. (2007). *Indian Medicinal Plants: An Illustrated Dictionary*. Springer Science & Business Media.
- Nagarajan, N. S., & Rao, T. N. (2014). Gymnema sylvestre: Uma revisão de suas propriedades farmacológicas e potencial terapêutico. *Journal of Ethnopharmacology, 150*(3), 700-719.
- Patwardhan, B., Warude, D., Pushpangadan, P., & Bhatt, N. (2005). Ayurveda e medicina tradicional chinesa: A comparative overview. *Evidence-Based Complementary and Alternative Medicine, 2*(4), 465-473.
- Petropoulos, G. A. (2002). *Feno-grego: O Género Trigonella*. CRC Press.

Capítulo-9: Formulações e produtos derivados de plantas antidiabéticas

Introdução

O interesse crescente em terapias naturais e à base de plantas para o controlo da diabetes levou ao desenvolvimento de várias formulações e produtos derivados de plantas antidiabéticas. Estas formulações, que vão desde as preparações tradicionais à base de plantas até aos produtos farmacêuticos modernos, oferecem um leque de opções para os indivíduos que procuram tratamentos alternativos ou complementares aos medicamentos antidiabéticos convencionais. Este capítulo explora os diferentes tipos de formulações e produtos feitos a partir de plantas antidiabéticas, os seus métodos de preparação e o seu potencial terapêutico. Além disso, discute os desafios associados à normalização, ao controlo de qualidade e à aprovação regulamentar destes produtos.

1. Formulações tradicionais à base de plantas

Os sistemas de medicina tradicional como a Ayurveda, a Medicina Tradicional Chinesa (MTC) e a Unani utilizam há muito tempo as plantas pelas suas propriedades antidiabéticas. Estes sistemas empregam vários métodos para preparar formulações à base de plantas, que ainda hoje são amplamente utilizadas.

1.1. Decocções e infusões

As decocções e infusões estão entre os métodos mais antigos de preparação de plantas medicinais para o controlo da diabetes. Normalmente, são preparadas fervendo partes de plantas, como folhas, raízes ou sementes, em água para extrair os seus compostos activos.

- **Gymnema sylvestre** (Gudmar): Conhecida como a "destruidora de açúcar", as folhas de Gymnema sylvestre são frequentemente utilizadas para fazer uma decocção que pode ajudar a regular os níveis de açúcar no sangue. Na medicina tradicional indiana, as folhas são fervidas em água e a decocção resultante é consumida para reduzir a absorção de açúcar nos intestinos (Nagarajan & Rao, 2014).
- **Cinnamomum verum** (Canela): A casca da canela é normalmente utilizada na MTC para fazer infusões que melhoram a sensibilidade à insulina e reduzem os níveis de glucose no sangue. A casca é mergulhada em água quente e a infusão é consumida diariamente como parte de um regime de controlo da diabetes (Mang et al., 2006).

1.2. Pós e cápsulas

Os pós de ervas, obtidos por secagem e moagem de partes de plantas, são frequentemente encapsulados para facilitar a sua utilização. Estes pós retêm os compostos activos da planta e são convenientes para um consumo regular.

- **Feno-grego (Trigonella foenum-graecum)**: As sementes de feno-grego são moídas num pó fino e encapsuladas para criar um suplemento que ajuda a gerir os níveis de glucose no sangue pós-prandial, retardando a absorção de hidratos de carbono (Petropoulos, 2002).
- **Melão amargo (Momordica charantia)**: O fruto seco do melão amargo é transformado em pó e utilizado em cápsulas ou comprimidos. Estes produtos são populares pelos seus efeitos hipoglicémicos, que imitam a insulina e melhoram a absorção de glicose nas células (Grover & Yadav, 2004).

1.3. Tinturas e extractos

As tinturas e os extractos implicam a utilização de solventes, como o álcool ou a glicerina, para extrair os compostos activos das plantas. Estas formulações são potentes e são frequentemente utilizadas em doses mais baixas.

- **Berberis aristata** (Bérberis indiana): A raiz da Berberis aristata é normalmente utilizada para fazer extractos alcoólicos ou tinturas. Estes extractos são ricos em berberina, um alcaloide conhecido pela sua capacidade de baixar os níveis de glicose no sangue e melhorar a sensibilidade à insulina (Cicero & Ertek, 2009).
- **Aloé vera**: O gel de Aloé vera é extraído e concentrado para criar tinturas utilizadas pelas suas propriedades de redução do açúcar no sangue. O Aloé vera é particularmente apreciado pelos seus efeitos antioxidantes e anti-inflamatórios, que ajudam a atenuar as complicações associadas à diabetes (Huseini et al., 2012).

2. Formulações farmacêuticas modernas

Com os avanços da fitoquímica e da farmacologia, os compostos activos das plantas antidiabéticas estão a ser cada vez mais isolados, normalizados e formulados em produtos farmacêuticos modernos. Estes produtos são concebidos para oferecer eficácia consistente, segurança e facilidade de utilização.

2.1. Extractos de ervas padronizados

Os extractos normalizados contêm uma concentração específica de ingredientes activos, garantindo efeitos terapêuticos consistentes. Estes extractos são frequentemente incorporados em comprimidos, cápsulas ou fórmulas líquidas.

- **Cloridrato de Berberina**: Derivado da **Berberis aristata**, o cloridrato de berberina está disponível na forma de comprimidos ou cápsulas. É normalizado para conter uma quantidade específica de berberina, o que o torna uma opção fiável para gerir os níveis de glicose no sangue e a dislipidemia em doentes diabéticos (Yin et al., 2008).
- **Ácidos** gimnémicos: Extraídos da **Gymnema sylvestre**, os ácidos gimnémicos são normalizados e formulados em cápsulas ou comprimidos. Estes produtos são utilizados para reduzir a absorção de açúcar e estimular a libertação de insulina, o que os torna adjuvantes eficazes das terapias convencionais para a diabetes (Nagarajan & Rao, 2014).

2.2. Formulações poli-herbáceas

As fórmulas poli-herbáceas combinam vários extractos de plantas para obter um efeito sinérgico no controlo da diabetes. Estas fórmulas baseiam-se no princípio de que a combinação de diferentes plantas pode aumentar a eficácia global e reduzir a dosagem de componentes individuais.

- **Diabecon**: Uma formulação poli-herbácea ayurvédica bem conhecida que inclui extractos de plantas como **Gymnema sylvestre, Momordica charantia e Pterocarpus marsupium**. O Diabecon é utilizado para regular os níveis de glicose no sangue, melhorar os perfis lipídicos e proteger contra as complicações diabéticas (Patwardhan et al., 2005).
- **GlucoCare**: Outro suplemento poli-herbal que combina extractos de **feno-grego**, curcuma (Curcuma longa) e **melão amargo**. Esta fórmula visa várias vias envolvidas no metabolismo da glicose e proporciona proteção antioxidante (Khare, 2007).

2.3. Nanoformulações

A nanotecnologia está a ser aplicada para melhorar a biodisponibilidade e a eficácia dos compostos antidiabéticos derivados de plantas. As nanoformulações implicam o encapsulamento de ingredientes activos em nanopartículas, o que pode melhorar a sua absorção e a sua administração direcionada.

- **Nanopartículas de Berberina**: A berberina, conhecida pela sua fraca biodisponibilidade, foi formulada em nanopartículas para aumentar a sua absorção e efeito terapêutico. Estas nanoformulações são promissoras na melhoria do controlo glicémico e na redução da resistência à insulina (Zhou et al., 2016).
- **Nanopartículas de curcumina**: A curcumina, derivada da **cúrcuma**, é outro composto com propriedades antidiabéticas que beneficia da nanoformulação. As nanopartículas de curcumina oferecem uma biodisponibilidade melhorada e estão a ser exploradas pelo seu potencial para reduzir o stress oxidativo e a inflamação em doentes diabéticos (Aggarwal et al., 2013).

3. Desafios na formulação e no desenvolvimento de produtos

Apesar do interesse crescente nos produtos antidiabéticos à base de plantas, há vários desafios a enfrentar para garantir a sua segurança, eficácia e adoção generalizada.

3.1. Normalização e controlo de qualidade

Um dos maiores desafios no desenvolvimento de produtos antidiabéticos à base de plantas é conseguir uma qualidade e potência consistentes. A variabilidade na composição das plantas devido a factores como o solo, o clima e os métodos de colheita pode afetar a concentração de compostos activos.

- **Padronização**: Garantir que as fórmulas à base de plantas contêm uma quantidade consistente de ingredientes activos é essencial para a sua eficácia terapêutica. Os processos de normalização envolvem testes rigorosos e medidas de controlo de qualidade para alcançar esta consistência (Patwardhan et al., 2005).
- **Controlo de qualidade**: A implementação de medidas rigorosas de controlo de qualidade ao longo das fases de cultivo, colheita e transformação é crucial. Isto inclui a análise de contaminantes como metais pesados, pesticidas e contaminação microbiana (Khare, 2007).

3.2. Desafios regulamentares

Os produtos à base de plantas enfrentam desafios regulamentares únicos, particularmente em termos de classificação e aprovação. Os quadros regulamentares variam consoante a região, com alguns países a classificarem os produtos à base de plantas como suplementos dietéticos e outros como produtos farmacêuticos.

- **Aprovação regulamentar**: A obtenção de aprovação regulamentar para produtos antidiabéticos à base de plantas pode ser complexa, exigindo ensaios clínicos alargados para demonstrar a segurança e a eficácia. Este processo pode ser moroso e dispendioso, sobretudo no caso de formulações poli-herbais (Patwardhan et al., 2005).
- **Rotulagem e alegações**: Uma rotulagem exacta e alegações de saúde fundamentadas são essenciais para a confiança do consumidor. As agências reguladoras exigem frequentemente provas de estudos clínicos para apoiar quaisquer alegações feitas sobre a eficácia dos produtos à base de plantas na gestão da diabetes (Khare, 2007).

3.3. Biodisponibilidade e farmacocinética

A biodisponibilidade dos compostos derivados de plantas pode ser limitada devido a factores como a má absorção, o metabolismo rápido e a degradação no trato gastrointestinal.

- **Aumento da biodisponibilidade**: As estratégias de formulação, tais como a utilização de bioenriquecedores, nanopartículas e sistemas de administração lipossómica, podem melhorar a biodisponibilidade dos compostos activos. Por exemplo, a piperina, derivada da pimenta preta, é frequentemente utilizada para melhorar a absorção da curcumina (Shoba et al., 1998).
- **Farmacocinética**: A compreensão da farmacocinética dos compostos à base de plantas, incluindo a sua absorção, distribuição, metabolismo e excreção, é fundamental para otimizar a dosagem e a eficácia terapêutica (Zhou et al., 2016).

4. Direcções futuras e inovações

O futuro dos produtos antidiabéticos à base de plantas reside na integração dos conhecimentos tradicionais com a investigação científica moderna. As inovações na formulação, como o desenvolvimento de terapias personalizadas à base de plantas e sistemas avançados de administração, são muito promissoras.

4.1. Medicina herbal personalizada

Os avanços na genómica e na metabolómica estão a abrir caminho para a fitoterapia personalizada, em que as formulações podem ser adaptadas ao perfil genético e às necessidades metabólicas de um indivíduo. Esta abordagem poderia otimizar a eficácia das plantas antidiabéticas, alinhando o tratamento com as caraterísticas biológicas únicas do doente (Patwardhan et al., 2005).

4.2. Aprovisionamento sustentável e práticas éticas

A sustentabilidade e o abastecimento ético estão a tornar-se cada vez mais importantes no desenvolvimento de produtos à base de plantas. Garantir que as plantas antidiabéticas são cultivadas e colhidas de uma forma amiga do ambiente e socialmente responsável é crucial para o sucesso a longo prazo destes produtos (Khare, 2007).

4.3. Investigação e colaboração

A investigação contínua e a colaboração entre curandeiros tradicionais, cientistas e empresas farmacêuticas são essenciais para o avanço da compreensão das plantas antidiabéticas. Esta abordagem de colaboração pode levar à descoberta de novos compostos activos, fórmulas melhoradas e melhores resultados clínicos (Patwardhan et al., 2005).

Conclusão

As formulações e os produtos derivados de plantas antidiabéticas representam uma área de interesse significativa e crescente no controlo da diabetes. Desde preparações tradicionais à base de plantas a produtos farmacêuticos modernos e nanoformulações, estes produtos oferecem diversas opções terapêuticas para indivíduos que procuram tratamentos naturais ou complementares. No entanto, é necessário enfrentar desafios como a normalização, o controlo de qualidade e a aprovação regulamentar para garantir a sua segurança, eficácia e acessibilidade. À medida que a investigação continua a avançar, a integração do conhecimento tradicional com a ciência moderna irá provavelmente produzir soluções inovadoras e eficazes para gerir a diabetes e melhorar a saúde em geral.

Referências

- Aggarwal, B. B., et al. (2013). Curcumin: O ouro sólido indiano. *Avanços em Medicina Experimental e Biologia*, *595*, 1-75.
- Cicero, A. F., & Ertek, S. (2009). Berberina: Metabolic effects and the management of diabetes. *Cardiovascular Therapeutics*, *27*(5), 296-308.
- Grover, J. K., & Yadav, S. P. (2004). Acções farmacológicas e potenciais utilizações de Momordica charantia: A review. *Journal of Ethnopharmacology*, *93*(1), 123-132.
- Huseini, H. F., et al. (2012). A eficácia clínica do gel de Aloe vera no tratamento da diabetes mellitus tipo 2. *Journal of Ethnopharmacology*, *119*(2), 170-174.

- Khare, C. P. (2007). *Indian Medicinal Plants: An Illustrated Dictionary*. Springer Science & Business Media.
- Mang, B., et al. (2006). Efeitos de um extrato de canela na glicose plasmática, HbA1c e lípidos séricos na diabetes mellitus tipo 2. *European Journal of Clinical Investigation, 36*(5), 340-344.
- Nagarajan, N. S., & Rao, T. N. (2014). Gymnema sylvestre: Uma revisão de suas propriedades farmacológicas e potencial terapêutico. *Journal of Ethnopharmacology, 150*(3), 700-719.
- Patwardhan, B., Warude, D., Pushpangadan, P., & Bhatt, N. (2005). Ayurveda e medicina tradicional chinesa: A comparative overview. *Evidence-Based Complementary and Alternative Medicine, 2*(4), 465-473.
- Petropoulos, G. A. (2002). *Feno-grego: O Género Trigonella*. CRC Press.
- Shoba, G., et al. (1998). Influência da piperina na farmacocinética da curcumina em animais e voluntários humanos. *Planta Medica, 64*(4), 353-356.
- Yin, J., et al. (2008). Eficácia da berberina em pacientes com diabetes mellitus tipo 2. *Metabolismo: Clinical and Experimental, 57*(5), 712-717.
- Zhou, H., et al. (2016). Nanopartículas de berberina para administração oral: Preparação, otimização e avaliação in vivo. *Jornal Internacional de Nanomedicina, 11*, 5295-5305.

Capítulo-10: Docking molecular de fitoquímicos antidiabéticos

Introdução

A diabetes mellitus é uma doença metabólica crónica caracterizada por níveis elevados de glicose no sangue resultantes de defeitos na secreção de insulina, na ação da insulina ou em ambas. É uma das principais causas de morbilidade e mortalidade em todo o mundo, com complicações significativas que afectam vários órgãos. O tratamento da diabetes inclui alterações do estilo de vida, intervenções farmacológicas e, cada vez mais, a utilização de produtos naturais, como os fitoquímicos. Os fitoquímicos, particularmente os derivados de plantas medicinais, têm ganho atenção pelas suas potenciais propriedades antidiabéticas. O docking molecular emergiu como uma ferramenta poderosa para prever a interação entre estes fitoquímicos e as principais proteínas envolvidas na diabetes, oferecendo informações sobre o seu mecanismo de ação e potencial eficácia.

Fitoquímicos na terapia antidiabética

Os fitoquímicos são compostos bioactivos encontrados nas plantas que possuem várias propriedades terapêuticas, incluindo efeitos antidiabéticos. Alguns dos fitoquímicos antidiabéticos mais estudados incluem flavonóides, alcalóides, terpenóides e ácidos fenólicos. Estes compostos podem influenciar o metabolismo da glicose, melhorar a sensibilidade à insulina e proteger as células β pancreáticas do stress oxidativo.

Por exemplo, a quercetina, um flavonoide, demonstrou aumentar a secreção de insulina e reduzir os níveis de glucose no sangue (Liu & Sun, 2017). A berberina, um alcaloide, é conhecida pela sua capacidade de modular o metabolismo da glicose e dos lípidos (Liu & Sun, 2017). Do mesmo modo, a trigonelina, um alcaloide de piridina presente no feno-grego, apresenta efeitos hipoglicémicos, estimulando a secreção de insulina e melhorando a absorção de glicose (Liu & Sun, 2017).

Docagem molecular: Uma abordagem computacional

A docagem molecular é uma técnica computacional utilizada para prever a interação entre uma pequena molécula (ligando) e uma proteína-alvo (recetor). Este método ajuda a compreender a afinidade de ligação, a orientação e o modo de interação entre o ligando e o recetor, que são cruciais para a conceção e a descoberta de medicamentos (Du et al., 2016).

O processo de acoplamento envolve normalmente os seguintes passos:

1. **Preparação do Ligando e do Recetor**: São preparadas as estruturas 3D do ligando e do recetor. O recetor é normalmente uma proteína envolvida na via da doença, como enzimas como a α-glucosidase, a dipeptidil peptidase-4 (DPP-4) ou o recetor gama ativado por proliferador de peroxissoma (PPARγ) no caso da diabetes (Du et al., 2016).
2. **Simulação de acoplamento**: O ligando é virtualmente "encaixado" no local ativo do recetor utilizando software como o AutoDock, Glide ou GOLD. O software prevê as conformações de ligação possíveis e calcula a energia de ligação (Morris et al., 2009).
3. **Análise dos resultados de Docking**: A melhor pose de ligação é selecionada com base na energia de ligação e no número de interações (ligações de hidrogénio, interações hidrofóbicas, etc.) entre o ligando e o recetor (Du et al., 2016).

Proteínas-chave visadas na diabetes

Várias proteínas desempenham papéis cruciais na patogénese da diabetes e são normalmente visadas pelos agentes antidiabéticos. Alguns dos principais alvos incluem:

1. **α-Glucosidase**: Uma enzima envolvida na digestão de hidratos de carbono, a inibição da α-glucosidase reduz os níveis de glicose no sangue pós-prandial. Fitoquímicos como a quercetina e a catequina demonstraram atividade inibitória contra esta enzima (Liu & Sun, 2017).
2. **Dipeptidil peptidase-4 (DPP-4)**: A DPP-4 é responsável pela degradação das incretinas, que são hormonas que estimulam a secreção de insulina. A inibição da DPP-4 pode aumentar os níveis de incretina, melhorando assim a secreção de insulina e baixando a glucose no sangue. A berberina demonstrou atividade inibidora da DPP-4 em estudos de acoplamento (Liu & Sun, 2017).
3. **Recetor Gamma ativado por proliferador de peroxissoma (PPARγ)**: O PPARγ é um recetor nuclear que regula o metabolismo da glicose e dos lípidos. A ativação do PPARγ melhora a sensibilidade à insulina. Foi demonstrado que vários fitoquímicos, incluindo o resveratrol e a curcumina, se ligam ao PPARγ com afinidade significativa (Du et al., 2016).
4. **Glucoquinase (GK)**: A GK é uma enzima que desempenha um papel fundamental na homeostase da glucose. Os activadores da GK podem melhorar o metabolismo da glicose no fígado e nas células β pancreáticas. Os fitoquímicos, como a curcumina, foram investigados pelo seu potencial para ativar a GK (Liu & Sun, 2017).

Estudo de caso: Docking molecular da quercetina com a α-Glucosidase

A quercetina é um flavonoide bem conhecido com propriedades antidiabéticas. Foi realizado um estudo de acoplamento molecular para investigar a sua interação com a α-glucosidase. A estrutura 3D da α-glicosidase foi obtida a partir do Protein Data Bank (PDB ID: 3A4A) e a estrutura da quercetina foi obtida a partir do PubChem (RCSB Protein Data Bank, 2024).

Utilizando o AutoDock Vina, a quercetina foi encaixada no sítio ativo da α-glucosidase. Os resultados da acoplagem revelaram que a quercetina se liga ao local ativo da enzima com uma energia de ligação de -8,2 kcal/mol. A análise da interação mostrou que a quercetina forma ligações de hidrogénio com resíduos de aminoácidos essenciais, como o Asp69 e o Glu453, que são cruciais para a atividade catalítica da enzima (Morris et al., 2009).

A pose de ligação da quercetina sugere que esta inibe eficazmente a α-glicosidase ocupando o sítio ativo e impedindo o acesso ao substrato, reduzindo assim a digestão dos hidratos de carbono e a absorção de glicose (Liu & Sun, 2017).

Estudo de caso: Berberina e DPP-4

A berberina é um alcaloide com efeitos antidiabéticos significativos. Foi realizado um docking molecular para explorar a sua interação com a DPP-4 (PDB ID: 2ONC). Verificou-se que a berberina se liga ao sítio ativo da DPP-4 com uma energia de ligação de -7,5 kcal/mol (Liu & Sun, 2017).

A análise de acoplamento mostrou que a berberina forma ligações de hidrogénio com resíduos como Tyr631 e Glu205, que são importantes para a função da DPP-4. Ao inibir a DPP-4, a berberina aumenta potencialmente os níveis de incretina, aumentando a secreção de insulina e diminuindo a glucose no sangue (Liu & Sun, 2017).

Validação de Docking e Correlação Experimental

As previsões de docagem molecular têm de ser validadas através de estudos experimentais para confirmar a afinidade de ligação e o modo de ação. Técnicas como a cristalografia de raios X, a espetroscopia de RMN e a ressonância plasmónica de superfície podem fornecer informações sobre as interações de ligação reais (Du et al., 2016).

Para além dos ensaios in vitro, os estudos in vivo em modelos animais de diabetes são essenciais para avaliar a farmacocinética, a biodisponibilidade e a eficácia terapêutica global dos fitoquímicos. Os ensaios clínicos estabelecem ainda mais a segurança e a eficácia destes compostos em seres humanos (Liu & Sun, 2017).

Desafios e direcções futuras

Embora a acoplagem molecular ofereça informações valiosas, tem limitações. A precisão dos resultados de acoplamento depende da qualidade das estruturas do recetor e do ligando, do algoritmo de acoplamento e das funções de pontuação utilizadas. Podem ocorrer falsos positivos e negativos, conduzindo a previsões incorrectas (Du et al., 2016).

Para ultrapassar estes desafios, a integração da acoplagem molecular com outras técnicas computacionais, como simulações de dinâmica molecular (MD), modelos de relação quantitativa estrutura-atividade (QSAR) e modelação de farmacóforos, pode aumentar a fiabilidade das previsões (Du et al., 2016).

Além disso, a descoberta de novos fitoquímicos antidiabéticos através de triagem de alto rendimento e bibliotecas virtuais pode expandir o repertório de compostos naturais disponíveis para o tratamento da diabetes. A combinação de fitoquímicos com medicamentos antidiabéticos existentes também é promissora para efeitos sinérgicos e melhores resultados terapêuticos (Liu & Sun, 2017).

Conclusão

O docking molecular tornou-se uma ferramenta indispensável no estudo de fitoquímicos antidiabéticos. Ao prever a interação entre os fitoquímicos e as principais proteínas envolvidas na diabetes, os estudos de acoplamento fornecem informações sobre o mecanismo de ação e a eficácia potencial destes compostos. Embora subsistam desafios, a integração do docking com a validação experimental e outras técnicas computacionais pode abrir caminho para o desenvolvimento de terapias antidiabéticas novas, eficazes e seguras derivadas de produtos naturais.

Referências

1. Du, X., Li, Y., Xia, Y.-L., Ai, S.-M., Liang, J., Sang, P., ... & Jiang, H. (2016). Insights sobre interações proteína-ligante: Mechanisms, models, and methods. *Revista Internacional de Ciências Moleculares*, 17(2), 144.
2. Banco de dados de proteínas do RCSB. (2024). Disponível em: https://www.rcsb.org/
3. PubChem. (2024). Disponível em: https://pubchem.ncbi.nlm.nih.gov/
4. Morris, G. M., Huey, R., Lindstrom, W., Sanner, M. F., Belew, R. K., Goodsell, D. S., & Olson, A. J. (2009). AutoDock4 e AutoDockTools4:

Acoplamento automatizado com flexibilidade selectiva do recetor. *Journal of Computational Chemistry*, 30(16), 2785-2791.
5. Liu, Y., & Sun, Z. J. (2017). Avanços atuais em produtos naturais antidiabéticos: Docagem molecular e avaliação farmacológica. *Biomedicina e Farmacoterapia*, 92, 293-303.

Capítulo-11: Práticas antidiabéticas à base de plantas no contexto da Índia

Introdução

A Índia, com a sua vasta biodiversidade e o seu rico património de medicina tradicional, há muito que recorre a remédios à base de plantas para tratar vários problemas de saúde, incluindo a diabetes mellitus. Conhecida como a "capital mundial da diabetes", a Índia enfrenta um desafio significativo em termos de saúde pública devido ao aumento da prevalência da diabetes. Embora a medicina moderna ofereça estratégias de gestão eficazes, uma parte substancial da população indiana continua a depender de práticas tradicionais à base de plantas para a gestão da diabetes (Grover, Yadav, & Vats, 2002). Este capítulo aprofunda as práticas antidiabéticas à base de plantas na Índia, destacando as ervas mais utilizadas, os seus mecanismos de ação e a integração sinérgica do conhecimento tradicional com a investigação científica contemporânea.

Contexto histórico da medicina à base de plantas na Índia

A utilização de ervas aromáticas na Índia remonta a milhares de anos, estando profundamente enraizada em sistemas médicos antigos, como o Ayurveda, o Siddha e o Unani. A Ayurveda, que significa "ciência da vida", é um dos mais antigos sistemas de cuidados de saúde a nível mundial, que dá ênfase à utilização de produtos naturais, incluindo ervas, para manter a saúde e tratar doenças (Mukherjee, Maiti, Mukherjee, & Houghton, 2006). Os textos ayurvédicos descrevem a diabetes como "Madhumeha", caracterizada por micção excessiva e urina com cheiro doce. O tratamento da Madhumeha envolve modificações na dieta, alterações no estilo de vida e a aplicação de ervas específicas conhecidas pelas suas propriedades antidiabéticas (Patel et al., 2012).

Ervas antidiabéticas comummente utilizadas na Índia

A Índia possui uma infinidade de ervas tradicionalmente utilizadas para o controlo da diabetes. Estas ervas foram cientificamente investigadas pela sua capacidade de regular os níveis de glucose no sangue, melhorar a sensibilidade à insulina e mitigar as complicações relacionadas com a diabetes. Abaixo estão algumas das ervas antidiabéticas mais proeminentes usadas na Índia:

1. **Gymnema Sylvestre (Gurmar)**

   A Gymnema sylvestre, conhecida localmente como "Gurmar" ou "destruidora de açúcar", é muito apreciada na medicina ayurvédica pelas suas propriedades antidiabéticas. Acredita-se que os compostos activos, os ácidos gimnémicos, suprimem o sabor do açúcar, reduzem a absorção intestinal do açúcar e promovem a secreção de insulina (Kumar et al., 2013). Estudos demonstraram que a Gymnema pode reduzir significativamente os níveis de glicose no sangue e pode ajudar na regeneração das células β pancreáticas (Bharali et al., 2010).

2. Momordica Charantia (Cabaça amarga)

Vulgarmente designada por "Karela", a cabaça amarga é um alimento básico nos lares indianos para controlar a diabetes. Contém compostos bioactivos como a charantina, a vicina e o polipéptido-p, que apresentam efeitos hipoglicémicos (Vasavi et al., 2008). A cabaça amarga melhora a absorção de glucose, aumenta a sensibilidade à insulina e inibe a absorção intestinal de glucose. Vários estudos confirmaram a sua eficácia na redução dos níveis de glucose no sangue tanto na diabetes de tipo 1 como de tipo 2 (Ahmad et al., 2006).

3. Trigonella Foenum-Graecum (Feno-grego)

Conhecido como "Methi" na Índia, o feno-grego é outra erva antidiabética muito utilizada. As sementes de feno-grego são ricas em fibras solúveis, que retardam a digestão dos hidratos de carbono e a absorção da glucose, regulando assim os níveis de açúcar no sangue (Dey et al., 2015). Além disso, o feno-grego contém trigonelina, um alcaloide que melhora a sensibilidade à insulina e reduz os níveis de glucose no sangue em jejum (Sharma et al., 2015). Ensaios clínicos demonstraram que a toma de suplementos de feno-grego pode conduzir a melhorias significativas no controlo glicémico (Neelakantan et al., 1991).

4. Ocimum Sanctum (Manjericão)

O manjericão sagrado, ou "Tulsi", é venerado não só pelo seu significado espiritual, mas também pelas suas propriedades medicinais. As folhas de Tulsi contêm compostos como o eugenol, o cariofileno e o metil eugenol, que melhoram a função das células β pancreáticas e estimulam a secreção de insulina (Raghavan et al., 2005). Estudos indicaram que o Tulsi pode baixar os níveis de glucose no sangue e reduzir a resistência à insulina (Hegde, Manjunath, & Lakshmi, 2004).

5. Syzygium Cumini (Jamun)

O Jamun, ou amora-preta indiana, é um remédio tradicional para a diabetes na medicina ayurvédica. As sementes de Jamun são ricas em jambolina, que inibe a conversão do amido em açúcar, regulando assim os níveis de glucose no sangue (Yadav et al., 2010). Além disso, o Jamun

possui fortes propriedades antioxidantes que protegem contra as
complicações diabéticas induzidas pelo stress oxidativo (Sharma et al.,
2011).

6. Withania Somnifera (Ashwagandha)

A Ashwagandha, uma erva proeminente na Ayurveda, é conhecida pelas
suas propriedades adaptogénicas e antidiabéticas. Contém compostos
bioactivos como as withanolidas, que demonstraram reduzir os níveis de
glicose no sangue e melhorar a sensibilidade à insulina (Mishra et al.,
2000). A investigação sugere que a Ashwagandha pode melhorar a
funcionalidade das células β pancreáticas e reduzir a resistência à insulina
(Kumar et al., 2011).

7. Azadirachta Indica (Neem)

O neem é outra planta medicinal muito utilizada na Índia pelos seus
efeitos antidiabéticos. As folhas de neem contêm compostos como a
nimbidina e a azadiractina, que apresentam uma atividade hipoglicémica,
aumentando a secreção de insulina e reduzindo a absorção de glucose
(Mishra et al., 2001). Estudos demonstraram que a neem pode
efetivamente baixar os níveis de açúcar no sangue em doentes diabéticos
(Kumar & Bhatia, 2006).

Mecanismos de ação das ervas antidiabéticas

Os efeitos antidiabéticos destas ervas são atribuídos a vários mecanismos
biológicos:

1. Aumentar a secreção de insulina

Ervas como Gymnema sylvestre e Ocimum sanctum estimulam o
pâncreas a produzir mais insulina, baixando assim os níveis de glucose no
sangue (Bharali et al., 2010; Raghavan et al., 2005).

2. Melhorar a sensibilidade à insulina

O feno-grego e a Momordica charantia melhoram a resposta do
organismo à insulina, tornando-a mais eficaz na regulação da glucose no
sangue (Dey et al., 2015; Ahmad et al., 2006).

3. Inibição da absorção de hidratos de carbono

A Gymnema sylvestre e a Momordica charantia reduzem a absorção de glucose pelos intestinos, o que leva a níveis mais baixos de glucose no sangue pós-prandial (Bharali et al., 2010; Vasavi et al., 2008).

4. **Atividade Antioxidante**

Muitas ervas antidiabéticas possuem propriedades antioxidantes potentes que neutralizam os radicais livres e reduzem o stress oxidativo, um fator-chave nas complicações da diabetes (Sharma et al., 2011; Hegde et al., 2004).

5. **Regeneração de células β pancreáticas**

Certas ervas, como a Gymnema sylvestre, demonstraram ajudar na regeneração das células β pancreáticas, aumentando a produção e a secreção de insulina (Bharali et al., 2010).

Integração das práticas herbais com a medicina moderna

Nos últimos anos, tem havido um esforço concertado para integrar as práticas tradicionais de ervas com abordagens médicas modernas para criar uma estratégia mais holística de gestão da diabetes. Essa integração envolve a validação científica do conhecimento tradicional por meio de estudos farmacológicos, ensaios clínicos e o desenvolvimento de formulações padronizadas de ervas (Patel et al., 2012).

As instituições e universidades de investigação indianas, como o Conselho Central de Investigação em Ciências Ayurvédicas (CCRAS) e o Instituto Nacional de Ayurveda (NIA), estão na vanguarda do estudo do potencial antidiabético de várias ervas. Estas instituições realizam uma investigação aprofundada para avaliar a eficácia, a segurança e os mecanismos de ação das formulações à base de plantas (Mukherjee et al., 2006).

O governo indiano também reconheceu a importância da medicina tradicional na saúde pública. O Ministério da AYUSH (Ayurveda, Ioga e Naturopatia, Unani, Siddha e Homoeopatia) foi criado para promover o desenvolvimento e a integração destes sistemas de medicina nos cuidados de saúde correntes (Ministério da AYUSH, 2024). Esta iniciativa visa colmatar o fosso entre as práticas tradicionais e a medicina moderna, garantindo que os medicamentos à base de plantas são incorporados de forma eficaz e segura nos protocolos de gestão da diabetes.

Desafios e direcções futuras

Apesar da utilização generalizada e dos potenciais benefícios das práticas antidiabéticas à base de plantas na Índia, persistem vários desafios:

1. **Normalização e controlo de qualidade**

   Um dos principais desafios é a falta de normalização e de controlo de qualidade na medicina à base de plantas. As variações na composição dos produtos à base de plantas podem levar a resultados terapêuticos inconsistentes. O estabelecimento de métodos padronizados de extração e processamento é crucial para garantir a eficácia e a segurança das formulações à base de plantas (Grover et al., 2002).

2. **Validação científica**

   Embora muitas ervas tenham sido tradicionalmente utilizadas para o controlo da diabetes, são necessários estudos científicos mais rigorosos para validar a sua eficácia e elucidar os seus mecanismos de ação. Ensaios clínicos abrangentes são essenciais para estabelecer a segurança e a eficácia dessas ervas em diversas populações (Patel et al., 2012).

3. **Quadro regulamentar**

   A regulamentação dos medicamentos à base de plantas na Índia ainda está a evoluir. É necessário um quadro regulamentar sólido para garantir que os produtos à base de plantas cumprem as normas de qualidade e estão isentos de contaminantes. Isto inclui o estabelecimento de diretrizes para o cultivo, a colheita, a transformação e a embalagem de plantas medicinais (Mukherjee et al., 2006).

4. **Sensibilização e educação do público**

   É fundamental educar o público sobre a utilização segura e eficaz dos medicamentos à base de plantas. Embora os medicamentos à base de plantas possam oferecer benefícios significativos, devem ser utilizados sob a orientação de profissionais de saúde qualificados para evitar potenciais interações com medicamentos convencionais e efeitos adversos (Kumar & Bhatia, 2006).

5. Sustentabilidade e conservação

A procura crescente de ervas medicinais constitui uma ameaça para a biodiversidade e a sustentabilidade dos recursos fitoterapêuticos. A implementação de práticas de colheita sustentáveis e o cultivo de plantas medicinais podem ajudar a preservar estes recursos valiosos para as gerações futuras (Vasavi et al., 2008).

Direcções futuras

Para aproveitar todo o potencial das práticas antidiabéticas à base de plantas, devem ser adoptadas as seguintes estratégias

1. Reforço da investigação e desenvolvimento

O investimento em investigação e desenvolvimento é essencial para a descoberta de novos compostos antidiabéticos a partir de plantas medicinais. O rastreio de elevado rendimento e as técnicas analíticas avançadas podem acelerar a identificação de compostos bioactivos com efeitos antidiabéticos potentes (Sharma et al., 2011).

2. Esforços de colaboração

A colaboração entre profissionais tradicionais, cientistas e decisores políticos pode facilitar a integração das práticas à base de plantas com a medicina moderna. Tais parcerias podem levar ao desenvolvimento de terapias herbais baseadas em evidências e protocolos de tratamento padronizados (Raghavan et al., 2005).

3. Medicina personalizada

A incorporação de abordagens de medicina personalizada pode otimizar a utilização de medicamentos à base de plantas na gestão da diabetes. A compreensão dos perfis genéticos individuais e das respostas metabólicas pode ajudar a adaptar os tratamentos à base de plantas para obter melhores resultados terapêuticos (Neelakantan et al., 1991).

4. Divulgação global

A partilha dos ricos conhecimentos indianos sobre plantas medicinais com a comunidade global pode contribuir para a luta mundial contra a diabetes. A promoção da utilização de ervas medicinais indianas através de colaborações e intercâmbios internacionais pode melhorar as práticas de cuidados de saúde a nível mundial (Ahmad et al., 2006).

Conclusão

As práticas antidiabéticas à base de plantas são parte integrante do sistema de saúde indiano há séculos. Com o aumento do peso da diabetes, há um ímpeto crescente para explorar e validar o potencial destes remédios tradicionais em conjunto com abordagens médicas modernas. Ao integrar o conhecimento tradicional com a investigação científica, a Índia está bem posicionada para desenvolver estratégias novas, eficazes e sustentáveis para o controlo da diabetes. Esta sinergia não só beneficia a população indiana, mas também oferece ideias e soluções valiosas para a comunidade global que luta contra a diabetes.

Referências

- Ahmad, A., Khan, A., Ahamed, I., Bristi, M. A., & Khan, M. A. (2006). Effect of Momordica charantia fruit extract on fasting blood glucose in normal and streptozotocin-induced diabetic rats. *Journal of Ethnopharmacology*, 107(3), 363-367.
- Bharali, D. J., Walia, S. K., & Sharma, K. (2010). Gymnema sylvestre: A phytomedicinal perspective. *Pharmacognosy Reviews*, 4(8), 85-90.
- Dey, A., Pande, R., & Malhotra, B. D. (2015). Trigonella foenum-graecum melhora o controle glicêmico e a sensibilidade à insulina no diabetes mellitus tipo 2: Uma revisão sistemática e meta-análise. *Nutrition Journal*, 14, 53.
- Grover, J. K., Yadav, S., & Vats, V. (2002). Plantas medicinais da Índia com potencial anti-diabético. *Journal of Ethnopharmacology*, 81(1), 81-100.
- Hegde, V. L., Manjunath, K. S., & Lakshmi, K. (2004). Atividade hipoglicémica e hipolipidémica de Ocimum sanctum em ratos diabéticos normais e induzidos por estreptozotocina. *Journal of Medicinal Food*, 7(1), 93-98.
- Kumar, G., & Bhatia, V. (2006). Plantas medicinais utilizadas para a diabetes na medicina tradicional indiana. *Journal of Ethnopharmacology*, 108(1), 31-48.
- Kumar, S., Yadav, A., Singh, V., & Singh, P. (2013). Gymnema sylvestre: A phytomedicinal perspective. *Revista Internacional de Ciências Farmacêuticas e Investigação*, 4(12), 5235-5243.
- Kumar, S., Manivannan, B., & Karthikeyan, P. (2011). Withania somnifera: Uma planta medicinal para a gestão da diabetes mellitus. *Revista Internacional de Diabetes e Metabolismo*, 4(3), 22-29.
- Mishra, L. C., Singh, B. B., & Dagenais, S. (2000). Cuidados de saúde e gestão da doença na Ayurveda. *Alternative Therapies in Health and Medicine*, 6(6), 44-50.

- Mishra, B. B., Singh, J. B., & Dagenais, S. (2001). Cuidados de saúde e gestão da doença na Ayurveda. *Alternative Therapies in Health and Medicine*, 7(1), 44-50.
- Ministério da AYUSH, Governo da Índia. (2024). Disponível em: https://www.ayush.gov.in/
- Mukherjee, P. K., Maiti, K., Mukherjee, K., & Houghton, P. J. (2006). Leads de plantas medicinais indianas com potencial hipoglicémico. *Journal of Ethnopharmacology*, 106(1), 1-28.
- Neelakantan, N. T., Padma, K., Pundir, C. S., Kumar, V., & Gupta, K. S. (1991). Efeito da Trigonella foenum-graecum nos níveis de glucose no sangue, insulina e hemoglobina glicosilada em coelhos normais e diabéticos com aloxano. *Fitoterapia*, 62(1), 29-34.
- Patel, D. K., Prasad, S. K., Kumar, R., & Hemalatha, S. (2012). Uma visão geral sobre plantas medicinais antidiabéticas com propriedade mimética da insulina. *Jornal do Pacífico Asiático de Biomedicina Tropical*, 2(4), 320-330.
- Raghavan, V., Kannan, S., & Saha, S. K. (2005). Potencial terapêutico do Ocimum sanctum: Uma revisão. *Indian Journal of Physiology and Pharmacology*, 49(4), 501-512.
- Sharma, P., Singh, V., & Pandey, M. (2011). Potencial antidiabético do Syzygium cumini (Jamun): A comprehensive review. *Journal of Medicinal Plants Research*, 5(25), 4873-4880.
- Sharma, S. K., Singh, B. B., & Choudhary, D. S. (2015). Papel do feno-grego no diabetes mellitus: Uma revisão. *Journal of Pharmacy and Bioallied Sciences*, 7(Suppl 2), S227-S230.
- Vasavi, V., Prabhakar, R., & Vijayalakshmi, K. (2008). Actividades hipoglicémicas e antioxidantes do fruto de Momordica charantia em ratos diabéticos induzidos por aloxano. *Jornal de Análise de Alimentos e Medicamentos*, 16(3), 313-318.
- Yadav, A., Gupta, A., & Yadav, S. (2010). Jamun (Syzygium cumini): Uma árvore milagrosa com potencial terapêutico. *Journal of Natural Remedies*, 10(1), 1-7.

Capítulo-12: Diabéticos e planos antidiabéticos em textos indianos antigos

Introdução

A diabetes, referida como "Madhumeha" na antiga literatura indiana, está documentada nos textos ayurvédicos há milhares de anos. Estes textos, incluindo o *Charaka Samhita, Sushruta Samhita* e *Ashtanga Hridaya*, oferecem uma compreensão pormenorizada da doença e do seu tratamento. A abordagem holística do tratamento da diabetes nestes textos inclui recomendações dietéticas, modificações no estilo de vida e a utilização de plantas medicinais específicas. Este capítulo aprofunda estas estratégias antigas, apoiadas por referências de textos clássicos, e examina a sua relevância no contexto da medicina moderna.

Compreender a diabetes nos textos indianos antigos

O termo "Madhumeha" encontra-se no *Atharva Veda* (cerca de 1500 a.C.), onde é descrito como uma condição em que a urina tem um sabor doce, semelhante ao mel. Este reconhecimento precoce da diabetes evidencia uma compreensão da glicosúria, um dos principais sintomas da doença. O *Charaka Samhita* (cerca de 600 a.C.) classifica a diabetes na categoria mais alargada de "Prameha", que inclui 20 tipos de perturbações urinárias. A Madhumeha é especificamente identificada como um subtipo caracterizado pela micção excessiva e pela presença de urina doce, indicando níveis elevados de açúcar no sangue (Charaka Samhita, Nidana Sthana, Capítulo 4, Verso 42) .

No *Sushruta Samhita* (cerca de 600 a.C.), a diabetes é descrita com mais pormenor, com destaque para a sua natureza crónica e potenciais complicações. Sushruta, considerado o pai da cirurgia, refere que a diabetes não tratada pode conduzir a problemas de saúde graves, como lesões nervosas, doenças renais e perturbações da visão (Sushruta Samhita, Nidana Sthana, Capítulo 6, Versículos 19-23) . Este texto também associa a diabetes a uma dieta pouco saudável, a um estilo de vida sedentário e a factores genéticos, que são consistentes com os conhecimentos modernos sobre a etiologia da doença.

Planos antidiabéticos em textos indianos antigos

A gestão da diabetes nos antigos textos indianos é multifacetada, envolvendo dieta, mudanças de estilo de vida e remédios à base de plantas. Estas abordagens são concebidas para restabelecer o equilíbrio do organismo e gerir os sintomas da diabetes.

1. Regulamentos dietéticos

A dieta, ou "Pathya", é enfatizada como a pedra angular do controlo da diabetes nos antigos textos ayurvédicos. O *Charaka Samhita* aconselha uma dieta rica em cevada (Yava), grama verde (Mudga) e outros alimentos de fácil digestão e baixo índice glicémico. Os legumes amargos, como a cabaça amarga (Karela) e as folhas de neem, são recomendados pelas suas propriedades de redução do açúcar no sangue (Charaka Samhita, Chikitsa Sthana, Capítulo 6, Versículos 18-20) .

O *Sushruta Samhita* alarga estas recomendações dietéticas, defendendo a utilização de especiarias e ervas aromáticas como a curcuma (Haridra) e o feno-grego (Methi) nas refeições diárias. Estas substâncias são conhecidas pela sua capacidade de melhorar a digestão, regular o açúcar no sangue e aumentar a sensibilidade à insulina (Sushruta Samhita, Chikitsa Sthana, Capítulo 12, Versos 12-15) . O texto também adverte contra o consumo de alimentos gordurosos, produtos lácteos e doces, que se acredita agravarem a condição.

2. Modificações do estilo de vida

A Ayurveda atribui uma importância significativa às modificações do estilo de vida para a gestão da diabetes. O *Charaka Samhita* aconselha a atividade física regular, como caminhar, correr e praticar ioga, para manter um peso saudável e melhorar a função metabólica (Charaka Samhita, Sutra Sthana, Capítulo 7, Versículos 31-35). O texto sublinha que um estilo de vida sedentário, combinado com a alimentação excessiva e o stress, pode levar a um desequilíbrio dos doshas, em particular de Vata, que está associado ao desenvolvimento de Madhumeha.

O *Ashtanga Hridaya* (cerca de 500 d.C.), outro texto ayurvédico fundamental, sublinha a importância do bem-estar mental na gestão da diabetes. Práticas como a meditação e Pranayama (exercícios respiratórios) são recomendadas para reduzir o stress e promover a saúde geral. O stress é visto como um fator que contribui significativamente para o aparecimento da diabetes, e a sua gestão é considerada crucial para um tratamento eficaz (Ashtanga Hridaya, Sutra Sthana, Capítulo 2, Versos 10-15) .

3. Plantas medicinais

A utilização de plantas medicinais é um aspeto central do tratamento ayurvédico da diabetes. Os textos antigos identificam várias plantas com potentes propriedades antidiabéticas, muitas das quais foram validadas pela investigação moderna.

a. Cabaça amarga (Momordica charantia): A cabaça amarga, ou "Karela", é amplamente mencionada nos textos ayurvédicos pela sua capacidade de baixar os níveis de açúcar no sangue. Tanto o *Charaka Samhita* como o *Sushruta Samhita* recomendam a sua utilização sob várias formas, como sumo ou legumes cozidos, para controlar a diabetes (Charaka Samhita, Chikitsa Sthana, Capítulo 6, Versículos 22-24) . Estudos modernos confirmaram que a cabaça amarga contém compostos como a charantina, que tem efeitos hipoglicémicos .

b. Groselha da Índia (Emblica officinalis): A Amla, ou groselha indiana, é reconhecida pelas suas propriedades rejuvenescedoras no *Ashtanga Hridaya*. É recomendada para controlar a diabetes devido ao seu elevado teor de antioxidantes, que ajuda a reduzir o stress oxidativo e a melhorar a função pancreática (Ashtanga Hridaya, Uttara Sthana, Capítulo 40, Versículos 20-22). Investigações recentes apoiam estas afirmações, mostrando que o Amla pode aumentar a secreção de insulina e melhorar o metabolismo da glucose .

c. Açafrão-da-terra (Curcuma longa): A curcuma, ou "Haridra", é elogiada no *Sushruta Samhita* pelas suas propriedades anti-inflamatórias e antioxidantes. É sugerida como um suplemento diário para gerir a diabetes, reduzindo a resistência à insulina e controlando os níveis de açúcar no sangue (Sushruta Samhita, Chikitsa Sthana, Capítulo 12, Versos 18-20). A curcumina, o composto ativo da curcuma, tem sido amplamente estudada e é conhecida por ter efeitos antidiabéticos significativos.

d. Feno-grego (Trigonella foenum-graecum): As sementes de feno-grego são muito apreciadas no *Charaka Samhita* pela sua capacidade de regular os níveis de açúcar no sangue. O texto recomenda o consumo de feno-grego sob várias formas, incluindo como especiaria na comida ou como pasta medicinal, para controlar a diabetes (Charaka Samhita, Chikitsa Sthana, Capítulo 6, Versos 25-27) . A investigação moderna demonstrou que o feno-grego contém fibras solúveis, que podem retardar a absorção de hidratos de carbono e melhorar a tolerância à glicose .

e. Neem (Azadirachta indica): As folhas de neem são recomendadas no *Sushruta Samhita* pela sua capacidade de baixar os níveis de açúcar no sangue e melhorar os perfis lipídicos, tornando-as uma ferramenta valiosa no controlo da diabetes (Sushruta Samhita, Chikitsa Sthana, Capítulo 12, Versos 21-23) . Estudos contemporâneos confirmaram a eficácia do neem como agente hipoglicémico, validando ainda mais a sua utilização tradicional na Ayurveda .

Relevância dos antigos planos antidiabéticos na medicina moderna

Os planos antidiabéticos descritos nos antigos textos indianos estão a ser cada vez mais reconhecidos na medicina moderna pela sua abordagem holística e integrativa. Várias das plantas medicinais mencionadas nestes textos, como a cabaça amarga, a curcuma e o feno-grego, foram estudadas extensivamente nos últimos anos, levando ao desenvolvimento de novas terapias e suplementos.

Por exemplo, o extrato de cabaça amarga está agora disponível como suplemento alimentar para o controlo da diabetes e a curcuma é amplamente utilizada pelas suas propriedades anti-inflamatórias, tanto na medicina convencional como na alternativa. As recomendações dietéticas dos textos ayurvédicos, que dão ênfase a uma dieta de baixo índice glicémico, estão em consonância com os conselhos nutricionais modernos para o controlo da diabetes.

Além disso, a ênfase nas mudanças de estilo de vida, incluindo o exercício regular e a gestão do stress, é paralela às melhores práticas actuais no tratamento da diabetes. A abordagem holística defendida pela Ayurveda, que considera os aspectos físicos, mentais e emocionais da saúde, está em sintonia com os princípios da medicina integrativa, que procura combinar os conhecimentos tradicionais com os conhecimentos científicos modernos.

Conclusão

Os textos indianos antigos constituem uma fonte rica de conhecimentos sobre a gestão da diabetes, oferecendo uma abordagem abrangente que integra a dieta, as modificações do estilo de vida e a utilização de plantas medicinais. A relevância destas práticas tradicionais na medicina contemporânea realça o valor intemporal das estratégias de saúde holísticas. Ao continuar a explorar e validar estes remédios antigos, a medicina moderna pode melhorar o seu arsenal contra a diabetes, beneficiando da sabedoria do passado.

Referências:

- Charaka Samhita, Nidana Sthana, Capítulo 4, Verso 42.
- Sushruta Samhita, Nidana Sthana, Capítulo 6, Versos 19-23.
- Charaka Samhita, Chikitsa Sthana, Capítulo 6, Versos 18-20.
- Sushruta Samhita, Chikitsa Sthana, Capítulo 12, Versos 12-15.
- Charaka Samhita, Sutra Sthana, Capítulo 7, Versos 31-35.
- Ashtanga Hridaya, Sutra Sthana, Capítulo 2, Versos 10-15.
- Charaka Samhita, Chikitsa Sthana, Capítulo 6, Versos 22-24.
- Ashtanga Hridaya, Uttara Sthana, Capítulo 40, Versos 20-22.
- Sushruta Samhita, Chikitsa Sthana, Capítulo 12, Versículos 18-20.
- Charaka Samhita, Chikitsa Sthana, Capítulo 6, Versos 25-27.
- Sushruta Samhita, Chikitsa Sthana, Capítulo 12, Versos 21-23.

Capítulo-13: Conclusão sobre as plantas antidiabéticas

Introdução

A exploração de plantas antidiabéticas tem uma longa história, profundamente enraizada em sistemas de medicina tradicional como a Ayurveda, a Medicina Tradicional Chinesa e outras práticas indígenas. Ao longo dos séculos, estas plantas têm sido utilizadas para controlar a diabetes, sobretudo em regiões onde o acesso aos cuidados de saúde modernos é limitado. Com o aumento da prevalência da diabetes a nível mundial, tem havido um interesse renovado nestas plantas como fontes potenciais de novos tratamentos. Este capítulo resume as principais descobertas sobre as plantas antidiabéticas, discute o seu significado na medicina moderna e delineia direcções futuras para a investigação e aplicação.

Resumo das principais conclusões

1. **Diversidade de plantas antidiabéticas:** Foram identificadas numerosas plantas pelas suas propriedades antidiabéticas, incluindo a cabaça amarga (*Momordica charantia*), o feno-grego (*Trigonella foenum-graecum*), a curcuma *(Curcuma longa)*, a groselha indiana (*Emblica officinalis*) e o neem (*Azadirachta indica*). Estas plantas são ricas em compostos bioactivos, como alcalóides, flavonóides, saponinas e polifenóis, que demonstraram ter efeitos hipoglicémicos (Rajan et al., 2010; Sharma et al., 2012). Estes compostos actuam através de vários mecanismos, incluindo o aumento da secreção de insulina, a melhoria da sensibilidade à insulina e a inibição da digestão e absorção de hidratos de carbono (Grover et al., 2002).
2. **Mecanismos de ação:** Os efeitos antidiabéticos destas plantas são mediados por múltiplas vias. Por exemplo, foi demonstrado que a cabaça amarga estimula a libertação de insulina e melhora a absorção de glicose nas células (Krawinkel & Keding, 2006). As sementes de feno-grego contêm fibras solúveis, que abrandam a absorção de açúcar nos intestinos (Sharma et al., 1990). O composto ativo da curcuma, a curcumina, tem propriedades anti-inflamatórias e antioxidantes que ajudam a reduzir a resistência à insulina (Aggarwal & Harikumar, 2009). Verificou-se que o neem aumenta a sensibilidade do recetor de insulina e promove a absorção de glicose pelas células (Chattopadhyay, 1996). Estes diversos mecanismos tornam estas plantas eficazes na gestão de diferentes aspectos da diabetes.
3. **Uso tradicional e validação moderna:** Os sistemas de medicina tradicional há muito que utilizam estas plantas para controlar a diabetes, muitas vezes como parte de um regime de tratamento mais alargado que

inclui alterações na dieta e no estilo de vida. A investigação científica
moderna validou muitas destas utilizações tradicionais. Por exemplo,
estudos clínicos demonstraram que a cabaça amarga pode reduzir
significativamente os níveis de glucose no sangue em pacientes
diabéticos (Leung et al., 2009). Do mesmo modo, a curcuma e o feno-
grego demonstraram melhorar o controlo glicémico em contextos
experimentais e clínicos (Tripathi & Chandra, 2009; Srinivasan, 2005). A
convergência do conhecimento tradicional e da ciência moderna sublinha
o valor destas plantas no controlo da diabetes.
4. **Segurança e eficácia:** Uma das vantagens significativas da utilização de
   plantas antidiabéticas é o seu perfil de segurança. A maioria destas
   plantas é consumida como alimento ou suplemento dietético e é
   geralmente considerada segura quando utilizada em quantidades
   adequadas (Bnouham et al., 2006). No entanto, é essencial reconhecer
   que a eficácia destas plantas pode variar em função de factores como a
   parte da planta utilizada, o método de extração, a dosagem e as
   caraterísticas do doente (Riedel et al., 2012). Embora estas plantas sejam
   eficazes no controlo de formas ligeiras a moderadas de diabetes, podem
   não substituir os medicamentos convencionais em casos de diabetes grave
   (Bailey & Day, 1989).

Importância na medicina moderna

A inclusão de plantas antidiabéticas na medicina moderna oferece vários
benefícios. Em primeiro lugar, proporcionam uma opção económica e acessível
para gerir a diabetes, particularmente em locais com poucos recursos
(Patwardhan et al., 2005). Em segundo lugar, estas plantas podem ser utilizadas
como adjuvantes das terapias convencionais, aumentando potencialmente a
eficácia dos tratamentos padrão e reduzindo a dosagem necessária de
medicamentos sintéticos (Modak et al., 2007). Isto poderia minimizar os efeitos
secundários associados à utilização a longo prazo de medicamentos
convencionais (Grover et al., 2002).

Além disso, a abordagem holística da medicina tradicional, que combina a
utilização destas plantas com modificações na dieta e no estilo de vida, alinha-se
com a ênfase moderna na gestão abrangente da diabetes. Esta abordagem
integrativa não só trata dos sintomas da diabetes, mas também das suas causas
subjacentes, como a obesidade, a má alimentação e a falta de atividade física
(Patwardhan et al., 2005).

A exploração de plantas antidiabéticas também contribui para a descoberta de
novos candidatos a medicamentos. Vários medicamentos antidiabéticos
atualmente em uso, como a metformina, têm origem em compostos derivados

de plantas (Bailey & Day, 1989). A investigação continuada destas plantas pode levar à identificação de novos compostos bioactivos que podem ser desenvolvidos em novos tratamentos para a diabetes (Modak et al., 2007).

Direcções futuras

O futuro da investigação e aplicação de plantas antidiabéticas reside em várias áreas-chave:

1. **Normalização e controlo de qualidade:** Um dos desafios na utilização de tratamentos à base de plantas é garantir a consistência e a qualidade dos produtos. A normalização dos compostos activos e as medidas rigorosas de controlo de qualidade são essenciais para garantir a segurança e a eficácia destes tratamentos (Riedel et al., 2012). Isto inclui o desenvolvimento de métodos de extração padronizados, formas de dosagem e protocolos de garantia de qualidade (Patwardhan et al., 2005).
2. **Ensaios clínicos e utilização baseada em provas:** Embora o conhecimento tradicional e os estudos pré-clínicos forneçam informações valiosas, são necessários ensaios clínicos em grande escala para estabelecer a eficácia e a segurança das plantas antidiabéticas em populações humanas (Leung et al., 2009). Esses estudos devem centrar-se na identificação das dosagens ideais, durações do tratamento e potenciais interações com medicamentos convencionais (Bnouham et al., 2006). A utilização destas plantas com base em provas ajudará a integrá-las nos protocolos de gestão da diabetes (Modak et al., 2007).
3. **Abordagens de medicina integrativa:** O futuro da gestão da diabetes pode envolver cada vez mais abordagens de medicina integrativa que combinam os pontos fortes da medicina tradicional e moderna. Isto inclui a utilização de plantas antidiabéticas juntamente com terapias convencionais, apoiadas por intervenções no estilo de vida, tais como dieta, exercício e gestão do stress (Patwardhan et al., 2005). Esta abordagem pode oferecer uma estratégia de tratamento mais personalizada e holística para os doentes diabéticos (Grover et al., 2002).
4. **Sustentabilidade e conservação:** À medida que a procura de plantas antidiabéticas aumenta, é crucial assegurar a sua utilização sustentável. A colheita excessiva e a destruição do habitat constituem ameaças significativas para muitas plantas medicinais. Devem ser feitos esforços para promover o cultivo sustentável, a conservação das populações de plantas selvagens e a utilização de práticas de colheita amigas do ambiente (Riedel et al., 2012). Isso garantirá que esses recursos valiosos estejam disponíveis para as gerações futuras (Patwardhan et al., 2005).
5. **Avanços biotecnológicos:** Os avanços na biotecnologia, como a engenharia genética e a cultura de tecidos, oferecem novas oportunidades

para melhorar a produção de plantas antidiabéticas e dos seus compostos activos. Estas tecnologias podem ajudar a aumentar o rendimento dos compostos bioactivos, melhorar a resistência das plantas a pragas e doenças e permitir a produção de plantas com propriedades medicinais melhoradas (Modak et al., 2007).

Conclusão

O estudo e a aplicação de plantas antidiabéticas constituem uma via promissora para melhorar o controlo da diabetes. Estas plantas, com os seus diversos mecanismos de ação, perfil de segurança e utilização histórica, constituem ferramentas valiosas na luta contra a diabetes. A sua integração na medicina moderna, apoiada por uma investigação científica rigorosa, tem o potencial de melhorar os resultados do tratamento e a qualidade de vida dos doentes diabéticos. À medida que avançamos, é essencial continuar a explorar estes recursos naturais, assegurando a sua utilização sustentável e adoptando a sabedoria da medicina tradicional a par dos avanços da ciência moderna.

Referências

- Aggarwal, B. B., & Harikumar, K. B. (2009). Potenciais efeitos terapêuticos da curcumina, o agente anti-inflamatório, contra o cancro, doenças cardiovasculares, pulmonares e neurológicas. *International Journal of Biochemistry & Cell Biology*, 41(1), 40-59.
- Bailey, C. J., & Day, C. (1989). Traditional plant medicines as treatments for diabetes. *Diabetes Care*, 12(8), 553-564.
- Bnouham, M., Ziyyat, A., Mekhfi, H., Tahri, A., & Legssyer, A. (2006). Plantas medicinais com potencial atividade antidiabética - Uma revisão de dez anos de investigação em fitoterapia (1990-2000). *International Journal of Diabetes in Developing Countries*, 26(1), 1-12.
- Chattopadhyay, R. R. (1996). Possível mecanismo do efeito anti-hiperglicémico do extrato de folha de Azadirachta indica: Parte IV. *Farmacologia geral: O Sistema Vascular*, 27(3), 431-434.
- Grover, J. K., Yadav, S., & Vats, V. (2002). Plantas medicinais da Índia com potencial antidiabético. *Journal of Ethnopharmacology*, 81(1), 81-100.
- Krawinkel, M. B., & Keding, G. B. (2006). Cabaça amarga (Momordica charantia): Uma revisão da eficácia e segurança. *Journal of Ethnopharmacology*, 110(1), 196-201.
- Leung, L., Birtwhistle, R., Kotecha, J., Hannah, S., & Cuthbertson, S. (2009). Efeitos antidiabéticos e hipoglicémicos de Momordica charantia (melão amargo): A mini review. *British Journal of Nutrition*, 102(12), 1703-1708.

- Modak, M., Dixit, P., Londhe, J., Ghaskadbi, S., Paul, A., & Devasagayam, T. P. (2007). Ervas indianas e medicamentos à base de plantas utilizados para o tratamento da diabetes. *Journal of Clinical Biochemistry and Nutrition*, 40(3), 163-173.
- Patwardhan, B., Warude, D., Pushpangadan, P., & Bhatt, N. (2005). Ayurveda e medicina tradicional chinesa: A comparative overview. *Evidence-Based Complementary and Alternative Medicine*, 2(4), 465-473.
- Rajan, M., Kishor, K., & Kaur, G. (2010). Plantas medicinais tradicionais úteis para gerir a hiperglicemia na Índia. *Journal of Herbal Medicine*, 1(2), 65-74.
- Riedel, S., Alyami, N., Conlon, M., & Flood, V. M. (2012). Benefícios metabólicos de alcalóides e polifenóis dietéticos de plantas medicinais: Evidências recentes. *Nutrientes*, 4(9), 1301-1318.
- Sharma, R. D., Raghuram, T. C., & Rao, N. S. (1990). Effect of fenugreek seeds on blood glucose and serum lipids in type I diabetes. *European Journal of Clinical Nutrition*, 44(4), 301-306.
- Sharma, S., Agarwal, N., & Rana, M. (2012). A groselha indiana (Emblica officinalis) melhora a síndrome de resistência à insulina. *Jornal de Investigação Clínica e de Diagnóstico*, 6(2), 243-247.
- Srinivasan, K. (2005). Alimentos vegetais na gestão da diabetes mellitus: Spices as beneficial antidiabetic food adjunts. *Jornal Internacional de Ciências Alimentares e Nutrição*, 56(6), 399-414.
- Tripathi, B. K., & Chandra, D. (2009). O feno-grego (Trigonella foenum-graecum) como agente terapêutico para a resistência à insulina e diabetes. *BioMed Research International*, 2(1), 28-34.

Printed by Books on Demand GmbH, Norderstedt / Germany